Stéphane Abanades

Combustibles de synthèse par thermochimie solaire à haute température

Stéphane Abanades

Combustibles de synthèse par thermochimie solaire à haute température

Production d'hydrogène et valorisation du CO2 à partir de l'énergie solaire concentrée

Presses Académiques Francophones

Impressum / Mentions légales
Bibliografische Information der Deutschen Nationalbibliothek: Die Deutsche Nationalbibliothek verzeichnet diese Publikation in der Deutschen Nationalbibliografie; detaillierte bibliografische Daten sind im Internet über http://dnb.d-nb.de abrufbar.
Alle in diesem Buch genannten Marken und Produktnamen unterliegen warenzeichen-, marken- oder patentrechtlichem Schutz bzw. sind Warenzeichen oder eingetragene Warenzeichen der jeweiligen Inhaber. Die Wiedergabe von Marken, Produktnamen, Gebrauchsnamen, Handelsnamen, Warenbezeichnungen u.s.w. in diesem Werk berechtigt auch ohne besondere Kennzeichnung nicht zu der Annahme, dass solche Namen im Sinne der Warenzeichen- und Markenschutzgesetzgebung als frei zu betrachten wären und daher von jedermann benutzt werden dürften.

Information bibliographique publiée par la Deutsche Nationalbibliothek: La Deutsche Nationalbibliothek inscrit cette publication à la Deutsche Nationalbibliografie; des données bibliographiques détaillées sont disponibles sur internet à l'adresse http://dnb.d-nb.de.
Toutes marques et noms de produits mentionnés dans ce livre demeurent sous la protection des marques, des marques déposées et des brevets, et sont des marques ou des marques déposées de leurs détenteurs respectifs. L'utilisation des marques, noms de produits, noms communs, noms commerciaux, descriptions de produits, etc, même sans qu'ils soient mentionnés de façon particulière dans ce livre ne signifie en aucune façon que ces noms peuvent être utilisés sans restriction à l'égard de la législation pour la protection des marques et des marques déposées et pourraient donc être utilisés par quiconque.

Coverbild / Photo de couverture: www.ingimage.com

Verlag / Editeur:
Presses Académiques Francophones
ist ein Imprint der / est une marque déposée de
OmniScriptum GmbH & Co. KG
Heinrich-Böcking-Str. 6-8, 66121 Saarbrücken, Deutschland / Allemagne
Email: info@presses-academiques.com

Herstellung: siehe letzte Seite /
Impression: voir la dernière page
ISBN: 978-3-8381-4737-6

Zugl. / Agréé par: Perpignan, Université de Perpignan, HDR, 2013

Copyright / Droit d'auteur © 2014 OmniScriptum GmbH & Co. KG
Alle Rechte vorbehalten. / Tous droits réservés. Saarbrücken 2014

TABLE DES MATIERES

I. Dissociation thermique du gaz naturel — 6
1. Introduction, contexte — 6
2. Objectifs et méthodes — 8
3. Dispositif expérimental de 1 kW (échelle laboratoire) — 10
   - *3.1. Principaux résultats expérimentaux* — 12
   - *3.2. Modélisation CFD du réacteur* — 16
4. Réacteur solaire de 20 kW — 18
   - *4.1. Résultats expérimentaux* — 19
   - *4.2. Simulation du réacteur solaire de 20 kW* — 24
5. Réacteur solaire de 50 kW — 25
6. Propriétés des noirs de carbone et analyse du procédé — 27
7. Conclusions / perspectives — 29

II. Dissociation de l'eau par cycles thermochimiques — 31
1. Contexte et enjeux — 31
2. Objectifs et méthodologie — 34
3. Sélection des cycles thermochimiques couplés à une source d'énergie solaire — 35
4. Outils thermodynamiques : analyse énergétique et exergétique — 37
   - *4.1. Principe de l'analyse exergétique* — 38
   - *4.2. Méthode de calcul du critère exergétique et résultats* — 39
   - *4.3. Etude thermodynamique - validation des schémas réactionnels* — 41
5. Etude expérimentale des systèmes réactifs — 43
   - *5.1. Réactions à haute température couplées à une source d'énergie solaire* — 44
   - *5.2. Mesures de température* — 46
6. Synthèse de nanopoudres de Zn et SnO par dissociation thermique de ZnO et SnO$_2$ à haute température (oxydes volatils) — 47
   - *6.1. Réacteur solaire de type batch* — 48
   - *6.2. Analyse de la réaction de recombinaison et identification des cinétiques par méthode inverse* — 50
   - *6.3. Réacteur solaire continu avec cavité rotative* — 53
   - *6.4. Réacteur solaire continu à cavité fixe* — 57
7. Réactions de production d'hydrogène (hydrolyses directes ou réactions avec NaOH) — 64
   - *7.1. Synthèse de l'hydrogène par réaction du sous-oxyde réduit avec l'eau* — 64

  7.1.1. Etude thermogravimétrique de la réaction d'hydrolyse   64
  7.1.2. Etude expérimentale de la réaction d'hydrolyse en lit fixe   66
 7.2. Cycles hydroxydes à 3 étapes : étude de la réactivité des oxydes avec NaOH   71
8. Analyse des procédés de production d'hydrogène par cycles thermochimiques   74
 8.1. Modélisation dynamique du réacteur solaire   74
 8.2. Intégration des cycles à l'échelle d'un procédé - Evaluation technico-économique   75
9. Cycles aux oxydes mixtes à 2 étapes   77
 9.1. Caractérisations des matériaux   78
 9.2. Etude des étapes de réduction et de génération d'hydrogène   79
10. Conclusions et perspectives   87

III. Recyclage et valorisation du CO_2 pour la production de combustibles de synthèse   89
1. Contexte   89
2. Objectifs et méthodes   90
3. Analyse thermodynamique   92
4. Etude expérimentale de la réduction de CO_2   93
 4.1. Réactivité des nanopoudres de Zn et SnO avec CO_2   93
 4.2. Réactivité de la wüstite avec CO_2   98
5. Systèmes à base d'oxydes mixtes réactifs pour la dissociation de CO_2   100
 5.1. Etude des étapes de réduction et d'oxydation avec CO_2   101
 5.2. Développement d'un réacteur avec récepteur volumique poreux pour la dissociation de H_2O/CO_2 à partir d'oxydes mixtes   107
6. Conclusions / perspectives   109

Références bibliographiques   111

Production de combustibles de synthèse par thermochimie solaire à haute température

Le développement de procédés pour la production de combustibles synthétiques par voie thermochimique solaire sans émission de gaz à effet de serre est un enjeu majeur pour le futur. Les différents carburants solaires visés sont l'hydrogène, le gaz de synthèse (avec H_2 et CO comme constituants principaux), et les combustibles dérivés (méthanol, DME, ou autres carburants liquides synthétiques directement compatibles avec les infrastructures existantes). L'hydrogène est un vecteur énergétique qui permet le stockage à long terme et le transport de l'énergie solaire, en vue de son utilisation en combustion directe ou dans une pile à combustible. Les différentes voies de production envisagées sont illustrées sur la Figure 1. La production d'hydrogène à partir de l'énergie solaire peut être réalisée à partir de deux catégories de précurseurs : les ressources hydrocarbonées (gaz naturel, charbon, biomasse…) et l'eau.

Par ailleurs, des procédés solaires permettant la valorisation des émissions de CO_2 issues par exemple des procédés industriels sont également développés. L'objectif de cette valorisation est la conversion du CO_2 en combustible de synthèse grâce à l'énergie solaire. Les retombées de ces travaux et les débouchés industriels envisageables sont multiples et concernent en particulier :

- le recyclage des effluents de CO_2 produits par l'industrie, donc la réduction des émissions de CO_2 et une solution alternative à sa séquestration,
- la conversion et le stockage de l'énergie solaire sous forme chimique (vecteurs énergétiques),
- la synthèse d'hydrogène, de gaz de synthèse (CO/H_2) ou de combustibles comme le méthanol lorsque CO est combiné à H_2, ce qui permet un stockage de H_2,
- la production de carburants liquides à longue chaîne (synthèse Fischer-Tropsch) à partir de CO_2, H_2O, et de l'énergie solaire, ce qui équivaut à inverser le processus de combustion.

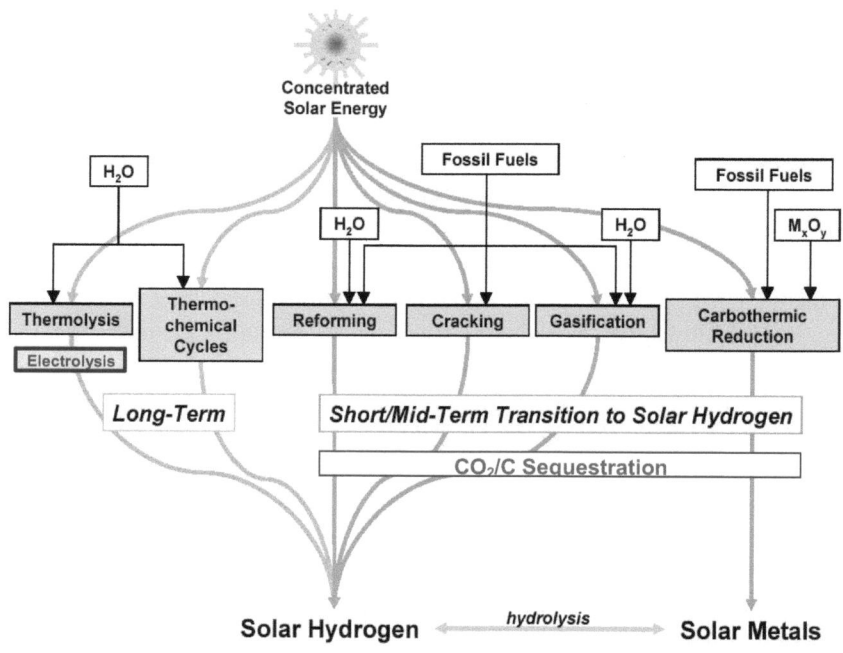

Figure 1 : Filières de production d'hydrogène par voie solaire

En réponse aux problèmes liés aux émissions de gaz à effet de serre (les combustibles fossiles liquides ou gazeux sont la source de 86% de l'énergie consommée dans le monde), l'hydrogène apparaît aujourd'hui comme le combustible propre des prochaines décennies. De plus, l'accroissement de la contribution des énergies renouvelables telles que l'énergie solaire au bilan énergétique global nécessite le développement de méthodes de stockage et de moyens de transport de cette énergie. L'hydrogène répond à ces deux objectifs.

L'hydrogène est aujourd'hui très majoritairement produit par reformage d'hydrocarbures, c'est-à-dire à partir de combustibles fossiles. L'électrolyse et la décomposition thermochimique de l'eau sont également des voies possibles pour la production de masse.

Les procédés de production d'hydrogène utilisant la chaleur solaire à haute température, schématisés sur la figure 1, visent à substituer l'apport de chaleur issue de la combustion d'hydrocarbures dans les procédés conventionnels ou éventuellement des réacteurs nucléaires du futur, et à diminuer ou éliminer les émissions de gaz à effet de serre.

En ce qui concerne la production d'hydrogène par voie solaire, les technologies à concentration offrent des solutions alternatives à la consommation d'hydrocarbures ou au recours massif à la chaleur nucléaire pour fournir l'énergie nécessaire, et permettent de considérer différentes voies thermochimiques qui dépendent du précurseur considéré [1]. La dissociation de l'eau par voie thermique directe ou par cycles thermochimiques avec apport (et donc stockage) d'énergie solaire est un objectif à long terme qui nécessite d'évaluer soigneusement ces filières, de sélectionner les cycles, et de concevoir et développer les procédés solaires. Le craquage thermique, le vaporeformage d'hydrocarbures (méthane ou gaz naturel), et les procédés de gazéification de ressources carbonées (charbon, biomasse, déchets,...) par voie solaire sont des filières hybrides solaire/matière hydrocarbonée dont le développement est envisagé à plus court terme. Elles constituent des stratégies de transition vers une production massive d'hydrogène, avec réduction d'émissions et/ou capture de CO_2. Une très forte croissance de la demande en hydrogène est attendue à l'horizon 2030, en raison de son utilisation dans les piles à combustibles et leur utilisation massive dans les transports terrestres, mais aussi dans le raffinage de produits pétroliers. Le recours aux filières solaires thermiques, dans les régions du globe fortement ensoleillées, permettra d'assurer une partie de la production d'hydrogène sans impact négatif sur l'environnement. Les technologies solaires à concentration peuvent en effet fournir de la chaleur primaire, de l'électricité ou de l'hydrogène, avec un taux d'émission de CO_2 très faible ou nul.

Ces nouveaux procédés non conventionnels doivent permettre la production d'hydrogène à partir de l'énergie solaire concentrée sans émission de CO_2 à aucune étape du procédé. Les méthodes proposées et étudiées jusqu'à présent sont le craquage thermique d'un hydrocarbure (méthane ou gaz naturel), et la dissociation de l'eau par cycles thermochimiques.

La première voie, le craquage, permet le stockage de l'énergie solaire par la synthèse d'un vecteur énergétique transportable (H_2) et évite le rejet de gaz à effet de serre. La deuxième voie, les cycles thermochimiques de décomposition de l'eau, permet de s'affranchir des ressources d'hydrocarbures (fossiles ou biomasse), et s'inscrit dans une démarche scientifique à plus long terme.

I. Dissociation thermique du gaz naturel

1. Introduction, contexte

Le craquage thermique d'hydrocarbures (méthane ou gaz naturel) par voie solaire est une filière de transition à moyen terme permettant une co-production d'hydrogène et de noir de carbone (NC) sans émission de CO_2. Les méthodes classiques de production d'hydrogène par voie thermique (plus de 90% de l'hydrogène consommé dans le monde est produit industriellement par reformage d'hydrocarbures) et de noirs de carbone (synthèse par combustion incomplète d'hydrocarbures) conduisent :
- au rejet de polluants gazeux tels que CO_2, SO_2, et NO_x,
- à la consommation d'une partie du combustible pour assurer l'apport d'énergie au processus,
- à des limites importantes : emploi de catalyseurs, impossibilité de réaliser une co-synthèse de produits, impossibilité d'élaborer des nouveaux matériaux carbonés (seuil de température de la combustion).

Le procédé de dissociation thermique ou thermo-catalytique du gaz naturel utilisant la chaleur solaire à haute température vise à substituer l'apport de chaleur issue de la combustion d'hydrocarbures dans les procédés conventionnels, et permet la co-synthèse d'hydrogène et de nanomatériaux carbonés (noirs de carbone, nanotubes, nanofibres) [2-3] ayant des applications dans les domaines de l'électrochimie (piles, batteries), des polymères composites, ou du stockage de l'hydrogène.

L'étude s'est focalisée sur la dissociation thermique (non catalytique) du gaz naturel par voie solaire. Les avantages du procédé sont : (1) la production du vecteur énergétique H_2 à partir de l'énergie solaire et du gaz naturel (ratio H/C élevé), (2) le stockage et le transport de l'énergie solaire dans les produits de la réaction (l'enthalpie de réaction est fournie par l'énergie solaire), et sa conversion en électricité avec un rendement élevé (PAC), (3) la séquestration du carbone contenu dans le gaz naturel sous forme solide (pas d'émission de CO_2), (4) la synthèse d'un co-produit valorisable, le noir de carbone, qui permet de rentabiliser le procédé solaire, (5) une économie d'émission de 14 kg CO_2/kg H_2 et une économie d'énergie d'origine fossile de 277 MJ/kg H_2 par rapport aux méthodes conventionnelles de production d'hydrogène (vaporeformage) et de noir de carbone (combustion incomplète d'hydrocarbures).

En terme économique, un coût de production de l'hydrogène solaire de 10 €/GJ (1,43 €/kg équivalent au prix du reformage avec séquestration de CO_2, prix objectif affiché par la Commission Européenne dans le cadre du 6ème PCRD) pourrait être atteint si le noir de carbone produit est vendu à 0,8 €/kg [4]. Le marché mondial des NC est environ 7,9 Mt/an et le prix de vente dépend de la nanostructure du produit. Comme le prix actuel du noir de carbone est compris entre 0,6 et 10 €/kg selon les grades (prix des noirs de carbone conducteurs supérieur à 2 €/kg), les perspectives économiques de ce procédé sont favorables.

La décomposition flash du méthane pour produire de l'hydrogène a été proposée par Matovitch [5] en 1978. Le réacteur développé permettait de dissocier complètement CH_4 en une fraction de seconde à 2100 K. Cette méthode a ensuite été promue par Steinberg [6-7] et Muradov [8]. La réaction endothermique peut être schématisée globalement par :

$$CH_4 \rightarrow C \text{ (solide)} + 2 H_2 \quad \Delta H° = 75 \text{ kJ.mol}^{-1} \text{ } (\Delta H_{CH4(298K) \rightarrow C + 2H2(2000K)} = 216 \text{ kJ.mol}^{-1}) \quad (1)$$

Au plan thermodynamique, la décomposition du méthane est théoriquement complète à environ 1300 K (Fig. 2). En réalité, le méthane est très stable et la cinétique de décomposition n'est pas favorable. Il faut donc opérer à plus haute température pour atteindre des avancements de réaction élevés. Par ailleurs, les propriétés du noir de carbone dépendent également de la température de décomposition. Ces deux facteurs conduisent à privilégier les températures de réaction supérieures à 1500 K afin de favoriser la cinétique de décomposition et les propriétés du noir de carbone. Un mécanisme réactionnel globalement accepté est la déshydrogénation progressive du méthane via la séquence : $2CH_4 \rightarrow C_2H_6 \rightarrow C_2H_4 \rightarrow C_2H_2 \rightarrow C$ [9-10]. Des modèles plus complexes, incluant des mécanismes radicalaires, ont été rapportés (modèles à 36 [11] et 119 [12] réactions).

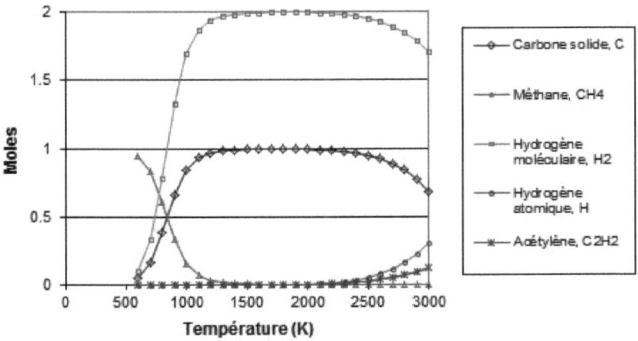

Figure 2 : Composition à l'équilibre thermodynamique du système C-4H (P = 1 atm)

Au plan expérimental, des travaux sur le craquage solaire de méthane ont été menés à l'échelle laboratoire aux USA [13-15], en Suisse [16-17], et en Israël [18-19]. Aux USA, des expériences de craquage de CH_4 ont été effectuées par le NREL (Golden, CO) et l'Université du Colorado. Une conversion du méthane de 88% a été obtenue à 1900 K à partir d'un mélange Ar/CH_4 dans un réacteur à suspension de particules ("Aerosol flow reactor") [14]. D'autre part, un réacteur solaire à écoulement de type vortex de 5 kW a été développé par ETH (Suisse). La conversion maximale de CH_4 obtenue est de 67% à 1600 K et 1 bar [16].

Dans le domaine des énergies conventionnelles, des projets mettant en œuvre des plasmas thermiques ont été réalisés pour la synthèse d'hydrogène par décomposition d'hydrocarbures, (procédé KAEVNER [20]), ou pour l'élaboration de noir de carbone [21]. L'analyse technico-économique de tels procédés montre que la co-synthèse de deux produits valorisables assure leur viabilité.

2. Objectifs et méthodes

Les recherches visent à développer un procédé solaire non conventionnel permettant d'assurer la transition des énergies fossiles au vecteur hydrogène. La voie proposée concerne la dissociation thermique du gaz naturel pour la co-production d'hydrogène et de noirs de carbone (NC), nanomatériaux valorisables, sans émission de CO_2. Cette méthode évite la consommation d'énergie et les émissions de polluants associées à la production séparée de H_2 et de NC par les méthodes classiques.

L'objectif global de l'étude est de démontrer la faisabilité de la coproduction d'hydrogène et de noir de carbone par énergie solaire avec un rendement de décomposition du gaz naturel supérieur à 80%. Les travaux de recherche consistent à développer et qualifier des nouveaux concepts de réacteurs solaires permettant la co-synthèse d'hydrogène et de nanostructures de carbone utilisables dans des applications classiques (piles, renforçateur de polymère...) ou nouvelles. Des modèles de réacteurs sont également développés afin d'interpréter les résultats expérimentaux et optimiser les réacteurs.

Le développement du procédé étudié est constitué de différentes étapes majeures :
- Conception et expérimentation de récepteurs/réacteurs solaires de taille laboratoire (1-2 kW) et de taille semi-pilote (10-20 kW) adaptés à la réaction.
- Evaluation des performances des réacteurs en terme de : (1) taux de décomposition en fonction de la température et des débits gazeux ; (2) composition globale du gaz de sortie et sélectivité vis à vis de l'hydrogène ; (3) rendement thermique ; (4) qualité/propriétés des noirs de carbone produits.

- Modélisation et simulation des processus couplés d'écoulement, transferts, et réaction chimique dans le réacteur, modélisation CFD des réacteurs et optimisation du procédé (récepteur/réacteur/séparateur).
- Dimensionnement et test d'un réacteur pilote (50 kW) de craquage par voie solaire.
- Séparation des produits de la réaction, caractérisation des noirs de carbone et applications, séparation de l'hydrogène et stratégies d'utilisation industrielle du gaz produit.
- Conception de procédés solaires centralisés (10/30 MW_{th}) et décentralisés (50/100 kW_{th}), évaluation économique du procédé (étude technico-économique).

Un réacteur solaire de taille laboratoire (1-2 kW) a été développé et caractérisé dans lequel la zone réactive est une tuyère en graphite chauffée par le rayonnement concentré. Des travaux expérimentaux et théoriques ont été menés afin de caractériser ce réacteur d'essai. La méthodologie développée a été ensuite utilisée en vue de l'extrapolation du procédé à l'échelle semi-pilote (20 kW) et pilote (50 kW).

Les travaux ont été effectués principalement dans le cadre du projet européen SOLHYCARB (2006-2010) coordonné par le laboratoire PROMES et regroupant 10 partenaires. Les recherches visent à concevoir, construire, et expérimenter des réacteurs solaires innovants à différentes échelles opérant entre 1400°C et 1800°C. Une conversion du méthane supérieure à 80%, un rendement en H_2 supérieur à 75%, et des NC ayant des propriétés d'usages équivalentes à celles des produits industriels sont les résultats recherchés. Les capacités de production attendues à l'échelle 50 kW_{th} sont 3 sm^3/h H_2 et 0,8 kg/h de NC. Les principaux défis scientifiques et techniques sont : conception et mise en oeuvre de réacteurs solaires à haute température contenant des particules nanométriques, co-synthèse de deux produits valorisables (H_2 et NC) dans le même réacteur, extrapolation du réacteur à partir de travaux de modélisation et validation expérimentale. Les recherches portent également sur la séparation des particules carbonées et sur la purification de l'hydrogène, ce qui détermine les applications industrielles du gaz produit (piles à combustible, combustion directe ou injection dans le réseau de gaz naturel). Concernant les produits, les paramètres clés sont la quantité d'hydrogène dans le gaz et la qualité des NC. Ils sont mesurés en ligne (concentration H_2) ou par des méthodes spécifiques développées par les industriels (NC). Les propriétés des NC doivent être évaluées pour déterminer leur valeur ajoutée par rapport à la production standard.

3. Dispositif expérimental de 1 kW (échelle laboratoire)

Un premier réacteur de taille laboratoire (puissance absorbée de 1 kW) a été développé. Le dispositif expérimental, représenté sur la Figure 3, est composé du système de concentration du rayonnement solaire (héliostat + concentrateur parabolique), du réacteur solaire, d'un étage de séparation du gaz et du solide (système de filtration assurant la séparation gaz/nanoparticules de carbone), d'un système d'analyse des gaz par chromatographie en ligne permettant de mesurer la composition du gaz de sortie, et d'un système d'acquisition de données.

Les récepteurs/réacteurs solaires doivent assurer le transfert d'énergie du rayonnement incident vers le gaz (ou le liquide) réactif. Ils peuvent être basés soit sur le concept classique des systèmes à paroi de transfert, soit sur la mise en oeuvre de milieux divisés ou poreux (concept d'absorption volumique du rayonnement).

Dans le cas présent, la zone réactive du réacteur solaire est une tuyère en graphite ($\varnothing_e$ = 17 mm, L = 61 mm) chauffée par le rayonnement concentré et dans laquelle est injecté un mélange Ar/CH$_4$ (Fig. 3). Le récepteur tubulaire absorbe le rayonnement solaire et transfère l'énergie au gaz réactif permettant d'effectuer la réaction CH$_4$ → C(s) + 2H$_2$ ($\Delta H° $ = 75 kJ/mol). L'ensemble est isolé par une couche de feutre en graphite. Le corps du réacteur en acier inox AISI 316L est refroidi par eau.

Le réacteur est placé au foyer d'un four solaire à axe vertical constitué d'un héliostat réfléchissant le rayonnement vers un concentrateur parabolique (diamètre 2 m, distance focale 85 cm, flux maximal au foyer de l'ordre de 1600 W/cm^2 pour un flux direct incident de 1000 W/m^2) (Fig. 4). Après un préchauffage sous argon (régime permanent en température atteint après environ 10 min.), le gaz réactif (CH$_4$) est injecté dans le réacteur. La fraction molaire du méthane en entrée varie dans le domaine 9-44%.

Le gaz porteur (Ar) est injecté au sommet de la cloche en pyrex afin d'empêcher le dépôt de particules de carbone sur la fenêtre. L'argon permet aussi de générer une atmosphère inerte dans l'enceinte afin d'éviter l'oxydation des parties en graphite. Les débits gazeux (Ar et CH$_4$) sont contrôlés par des débitmètres massiques.

Un filtre placé à la sortie du réacteur après la zone de mélange/refroidissement permet de séparer les fines particules de noir de carbone du courant gazeux. La pression en aval du filtre est environ 40 kPa inférieure à la pression atmosphérique afin de maintenir un flux gazeux continu à travers le filtre et éviter un colmatage du réacteur par les particules.

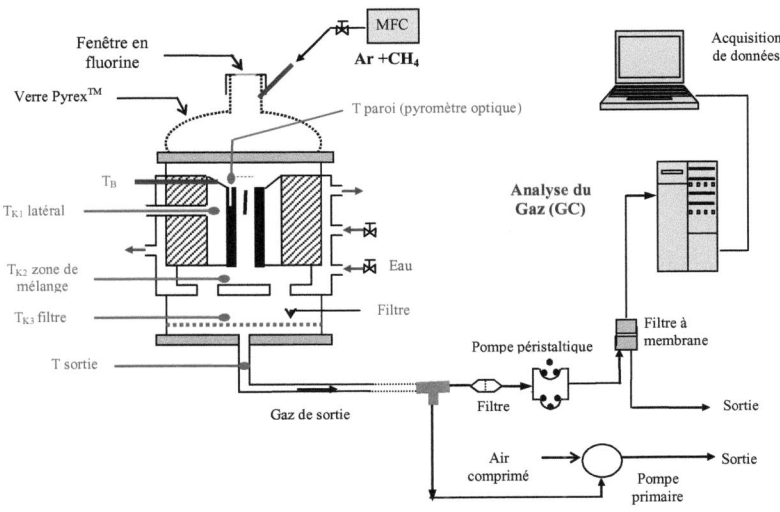

Figure 3 : Dispositif expérimental de synthèse d'hydrogène par craquage du méthane

La température est mesurée en différents points du dispositif par des thermocouples (type K et B) et par pyrométrie optique. L'utilisation d'un pyromètre opérant à 5,2 µm (de type "solar blind") permet la mesure de la température absolue de la paroi dans la zone haute température à travers une fenêtre en fluorine située au sommet du réacteur. La zone visée par le pyromètre (de diamètre 1,7 mm) correspond à une cavité (de profondeur 5 mm présentant les propriétés d'un corps noir) percée parallèlement à la tuyère afin de mesurer la température de la paroi. Les températures de paroi ainsi mesurées varient dans le domaine 1300-1700°C. L'ensemble des données est stocké sur un PC en temps réel à l'aide d'un système d'acquisition.

L'analyse en ligne du gaz permet de mesurer en fonction du temps la composition du gaz en sortie du réacteur (H_2, CH_4, C_2H_2, C_2H_4, C_2H_6). Un système d'échantillonnage permet de prélever en continu une partie du gaz de sortie pour l'injecter dans un appareil de chromatographie en phase gazeuse (CPG) équipé de détecteurs TCD et de 2 colonnes (micro-GC Varian CP 4900). Le gaz à analyser est aspiré à l'aide d'une pompe péristaltique qui assure un flux gazeux constant et régulier jusqu'au micro-GC, puis la pompe interne du chromatographe prélève l'échantillon gazeux à analyser.

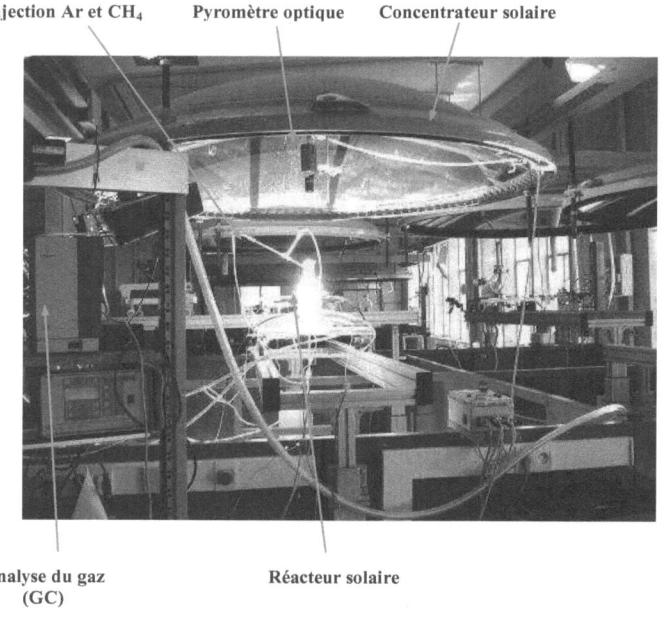

Figure 4 : Dispositif expérimental au foyer d'un four solaire et équipements associés

3.1. Principaux résultats expérimentaux

Les performances du réacteur sont mesurées en fonction de différents paramètres tels que : la température, le temps de séjour du gaz réactif dans la zone à haute température, la géométrie de la zone de réaction (cavité opaque qui absorbe le rayonnement), les débits gazeux et la composition du mélange en entrée (ratio CH_4/Ar) [22-23].

Le taux de conversion du méthane (X_{CH4}), le rendement (sélectivité) en hydrogène (Y_{H2}), et les débits des différents constituants gazeux en sortie de réacteur (CH_4, H_2, C_2H_y) sont déterminés à partir de la composition molaire du gaz de sortie (mesurée par CPG).

La conversion du méthane X_{CH4} et le rendement en hydrogène Y_{H2} sont définis par :

$$X_{CH_4}=\frac{F_{0,CH_4}-F.y_{CH_4}}{F_{0,CH_4}} \qquad Y_{H_2}=\frac{F.y_{H_2}}{2.F_{0,CH_4}} \qquad (2)$$

avec F_{0,CH_4} : débit molaire de CH_4 en entrée, y_i : fraction molaire de l'espèce i en sortie, et F : débit molaire total en sortie ($F=F_{Ar}+F.y_{CH_4}+F.y_{H_2}+F.y_{C_2H_2}+F.y_{C_2H_4}+F.y_{C_2H_6}$).

Différentes géométries de la cible (qui influence la surface d'échange, l'intensité des transferts et l'hydrodynamique de l'écoulement gazeux) ont été testées. Les paramètres clés sont la température et le temps de séjour du gaz réactif dans le réacteur (variant de 50 à 250 ms pour les débits gazeux expérimentaux).

La conversion maximale du méthane obtenue avec un concentrateur solaire de diamètre 1,5 m est environ 23%. Le réacteur couplé à un dispositif de concentration de diamètre 2 m (puissance absorbée par le récepteur d'environ 1 kW) permet d'atteindre des températures plus élevées. Dans ce cas, la conversion maximale de méthane est supérieure à 95% (rendement H_2 : 90%) (Fig. 5) pour une géométrie de la cible spécifique présentant une surface d'échange gaz-paroi importante, ce qui permet un chauffage du gaz homogène. La réaction de dissociation est favorisée par une surface d'échange élevée favorisant les transferts thermiques et augmentant les sites réactionnels. La conversion chimique augmente avec une augmentation de la température de la paroi ou une diminution des débits de gaz (augmentation du temps de séjour) (Figs. 6-7).

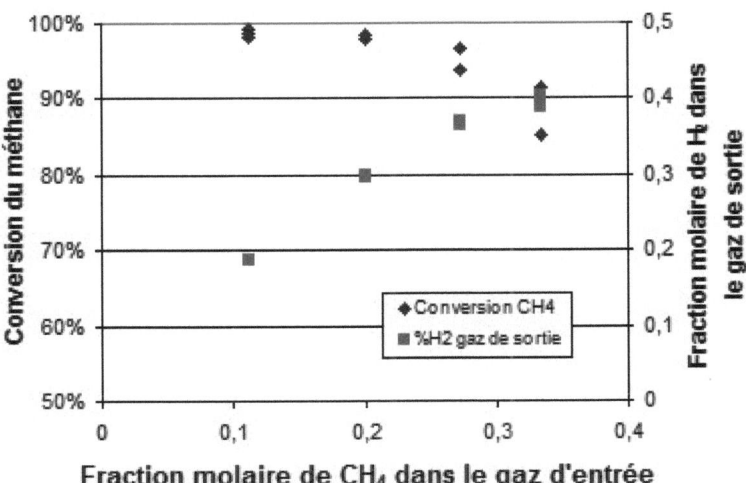

Figure 5 : Influence de la fraction molaire de CH_4 dans l'argon sur la conversion et la formation de H_2 (débit Ar = 0,8 L_n/min)

Concernant la formation des hydrocarbures secondaires (C_2H_2, C_2H_4, C_2H_6), l'acétylène est majoritaire et sa teneur dans le gaz de sortie varie de 1 à 5%. La fraction molaire de l'éthylène varie de 0,1 à 0,4% et la fraction molaire de l'éthane est environ 10 fois inférieure à celle de l'éthylène. Leur formation peut être limitée par une augmentation du temps de séjour dans la zone haute température.

En ce qui concerne les matériaux carbonés formés, deux types de produits ont été identifiés : (1) le noir de carbone sous forme de nanoparticules recueillies dans le filtre (diamètre 20-100 nm, Image MET, Fig. 8), l'analyse par DRX de ces produits indique que les particules sont très peu cristallisées (comme les noirs de carbone classiques) ; (2) du carbone pyrolytique (présentant une structure graphitique) déposé sur la paroi à haute température.

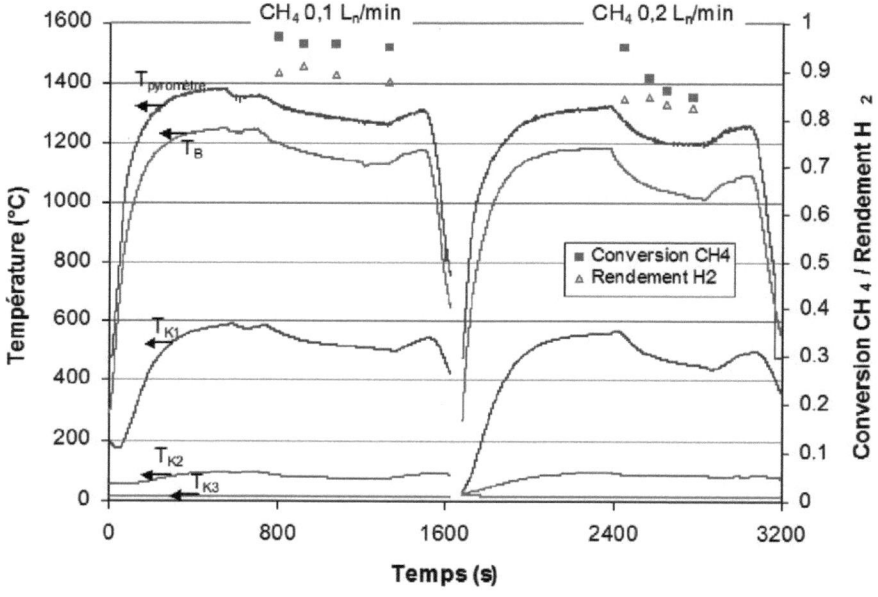

Figure 6 : Evolution de la conversion de CH_4, du rendement en H_2, et des températures au cours du temps (débit Ar = 0,8 L_n/min)

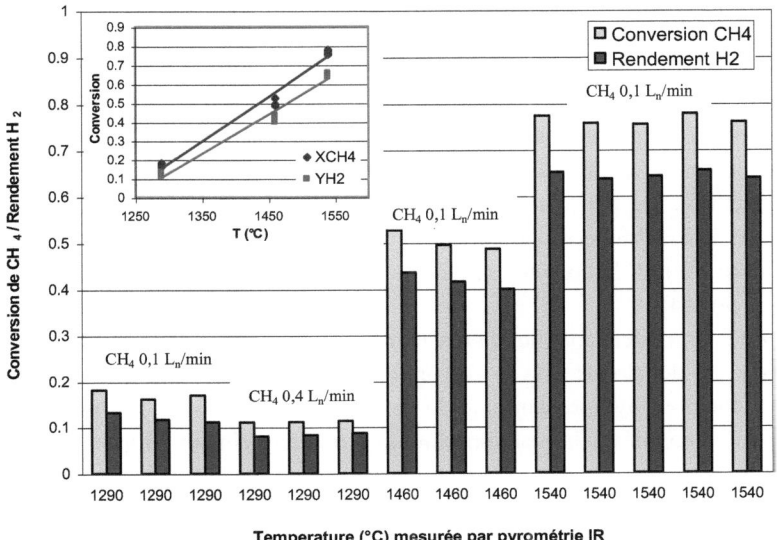

Figure 7 : Influence de la température sur la conversion de CH_4 et le rendement en H_2

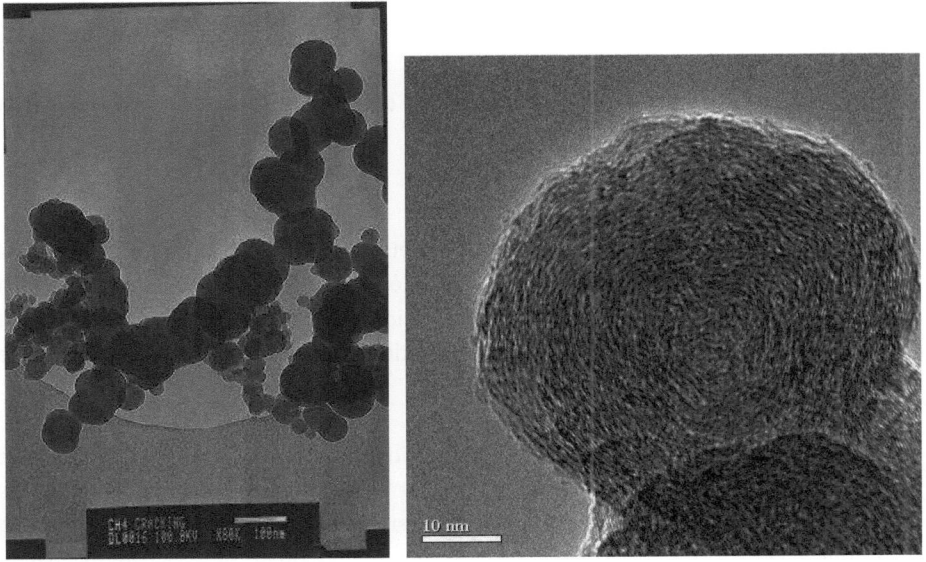

Figure 8 : Image MET d'un agrégat de particules de NC collecté dans le filtre et particule primaire

3.2. Modélisation CFD du réacteur

La mesure in-situ de la température du gaz dans la zone haute température du réacteur n'est pas réalisable en raison des densités de flux solaires élevées. Par conséquent, cette température doit être calculée à l'aide de modèles mathématiques. Dans un premier temps, des modèles (1D et 2D) ont été développés et résolus numériquement. Ils permettent de calculer la distribution spatiale de température T(r,z) dans le cas d'un écoulement non réactif d'argon (modèle 2D) ou les profils de température T(z) et de conversion X(z) dans le cas d'un écoulement réactif Ar/CH$_4$ (modèle 1D) [24].

Par la suite, un modèle complet de réacteur couplant les phénomènes de transfert et la réaction a été développé afin d'interpréter les résultats expérimentaux. Le modèle prend en compte l'hydrodynamique du gaz, les phénomènes de transferts de chaleur et de matière couplés à la réaction chimique (modèle cinétique) afin de prévoir les profils de température, de concentration des espèces, et de conversion dans le réacteur. Les modèles sont élaborés en fonction de la géométrie du système et résolus à l'aide de logiciels CFD (Femlab et Fluent), utilisant la méthode des éléments finis ou des volumes finis, et permettant de simuler différentes configurations de réacteur. Les simulations indiquent que la réaction se produit dans une région étroite près de la paroi du réacteur recevant le rayonnement solaire, ce qui entraîne une conversion partielle du méthane (Figs. 9-10). Une homogénéisation de la température du gaz par augmentation de la surface d'échange paroi-gaz permet une conversion totale du méthane.

La conversion peut être calculée en tous points du réacteur (comme représenté sur la figure 9) par la relation :

$$X_{CH4} = 1 - C_{CH4}/C_{CH4,i} \tag{3}$$

avec $C_{CH4}(r,z)$ concentration molaire de CH$_4$ et $C_{CH4,i}(r,z)$ concentration molaire de CH$_4$ si la réaction ne se produisait pas, calculée dans les mêmes conditions (T, P) ($C_{CH4,i}$ est calculée en prenant en compte uniquement les transferts convectifs et diffusifs des espèces, le terme supplémentaire de réaction est pris en compte pour le calcul de C_{CH4}).

D'autre part, la méthode développée permet d'identifier une cinétique de réaction de type Arrhenius (identification de k_0 et E_a) par simulation et comparaison avec les résultats expérimentaux (température et conversion en sortie). Par exemple, pour une cinétique d'ordre 1 et $E_a = 350$ kJ/mol, la conversion finale de CH$_4$ prédite par le modèle varie entre 50% et 70% (comme mesurée expérimentalement) si k_0 varie dans le domaine $4,5 \times 10^{13}$ - $5,5 \times 10^{13}$ s^{-1}.

La conversion finale (= $F_{H2}/2.F_{0,CH4}$) est calculée à partir du débit molaire d'hydrogène (F_{H2}) en sortie du réacteur (z = L) :

$$F_{H2}(z=L) = 2\pi.\int_0^R C_{H2}(r,z=L).v(r,z=L).rdr \qquad (4)$$

avec $C_{H2}(r,z)$: concentration molaire de H_2 (mol/m^3) ; v(r,z) : profil axial de vitesse du gaz (m/s), C et v sont calculés par le modèle [25].

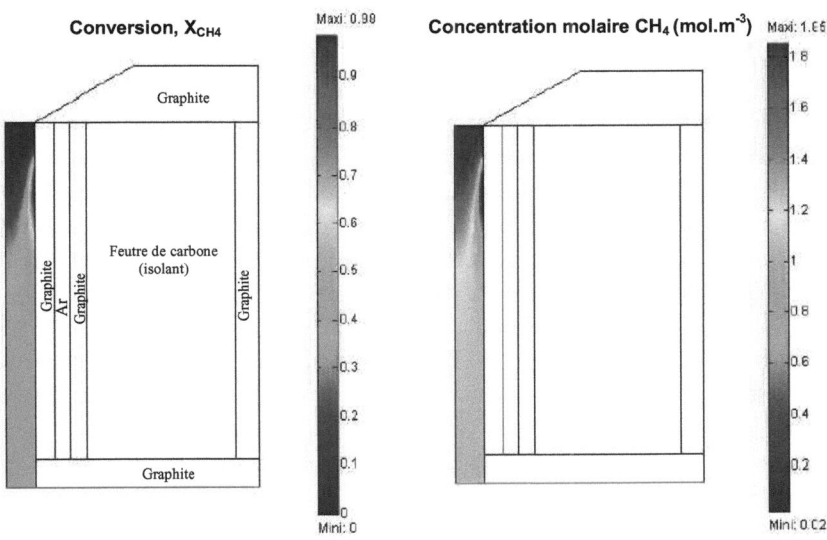

Figure 9 : Conversion chimique et concentration molaire de CH_4 calculées avec le logiciel Femlab

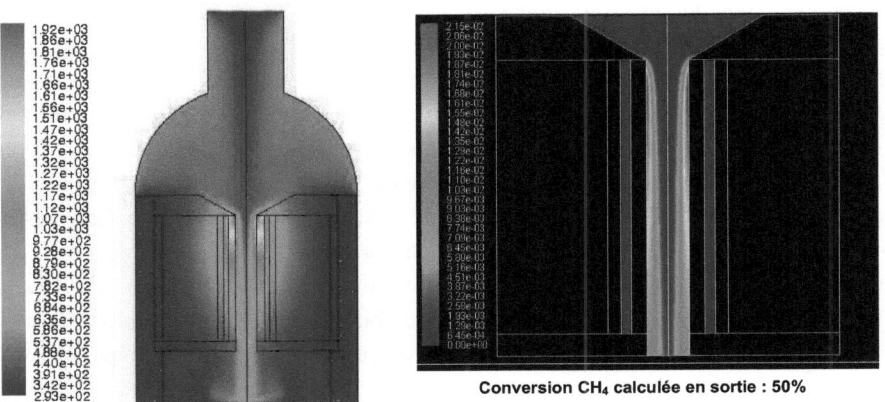

Figure 10 : Température et fraction massique de H_2 dans le réacteur calculées avec le logiciel Fluent

4. Réacteur solaire de 20 kW

Un réacteur solaire multi-tubulaire (prototype de 20 kW) a été conçu et construit à PROMES dans le cadre du projet SOLHYCARB (Fig. 11). Le réacteur est composé d'un récepteur de type cavité (20 cm de coté) correspondant à une enceinte en graphite thermiquement isolée et munie d'une ouverture (9 cm de diamètre, densité de flux 200 W/cm^2). La cavité est fermée par une fenêtre hémisphérique transparente en quartz afin de laisser entrer le rayonnement concentré. Les quatre zones de réaction placées verticalement dans la cavité sont chacune constituées de deux tubes concentriques en graphite : un tube intérieur ($\varnothing$ 12×4 mm) pour l'injection du gaz, un tube extérieur ($\varnothing$ 24×18 mm) pour la sortie du gaz. Un mélange gazeux réactif (CH_4+Ar) circule dans chaque tube et se dissocie à haute température. Dans ce type de configuration de réacteur, le mélange gazeux est isolé de la zone recevant le rayonnement solaire (chauffage indirect), donc il n'y a aucun risque de dépôt de particules de carbone sur la fenêtre du réacteur. La composition du gaz à l'entrée de chaque tube est contrôlée à l'aide de 2 débit-mètres massiques (Brooks 5850S, gammes: 0-10 NL/min pour CH_4, 0-20 NL/min pour Ar, total de 8 débit-mètres). L'énergie solaire absorbée est transférée aux réactifs gazeux à une température permettant leur dissociation (environ 1500°C). Le gaz est préchauffé dans le tube intérieur puis la réaction se produit dans la zone annulaire comprise entre les deux tubes. La cavité est isolée à l'aide de 3 couches successives d'isolation pour une épaisseur totale de 0,15 m : un feutre de carbone au contact de la cavité (λ=0.46 W.m^{-1}.K^{-1}), une fibre céramique intermédiaire résistante jusqu'à 1600°C (62% Al_2O_3, 30% SiO_2, ρ=200 kg/m^3, λ=0,25 W.m^{-1}.K^{-1} à 1200°C), et une couche externe d'isolant microporeux opérant jusqu'à 1000°C (20% ZrO_2, 77,5% SiO_2, 2,5% CaO, ρ=300 kg/m^3, λ=0,044 W.m^{-1}.K^{-1} à 800°C).

Les essais ont été réalisés à l'aide du grand four solaire de PROMES à une puissance de l'ordre de 10 kW. Le dispositif expérimental est placé au foyer du système de concentration du rayonnement solaire composé d'un champ d'héliostats (63 miroirs plans de 45 m^2 chacun) et d'un concentrateur parabolique (surface de 1830 m^2, hauteur : 40 m, largeur : 54 m). La densité de flux au niveau de l'entrée du récepteur est d'environ 200 W/cm^2 (facteur de concentration : 2000).

Chaque entrée de tube est équipée d'un capteur de pression absolue afin de détecter les éventuels problèmes de colmatage par le carbone formé. La température dans les isolants et sur la paroi externe de la cavité est mesurée par des thermocouples (type K et B). Un pyromètre optique de type "solar blind" opérant à 5 µm permet la mesure de la température de la paroi d'un tube dans la zone haute température à travers une fenêtre en fluorine située sur la paroi externe du réacteur.

Un système de filtration sépare les particules de NC en sortie et la composition du gaz est mesurée en ligne par des analyseurs spécifiques.
L'analyse à intervalle de temps régulier des différentes espèces (H_2, CH_4, C_2H_2, C_2H_4, C_2H_6) est réalisée par chromatographie en phase gazeuse (CPG, Varian CP 4900). De plus, un analyseur spécifique (NGA 2000 MLT3) mesure en continu l'évolution de la teneur gazeuse en H_2 (détection par conductivité thermique) et en CH_4 (détection par infrarouge) dans le gaz de sortie.

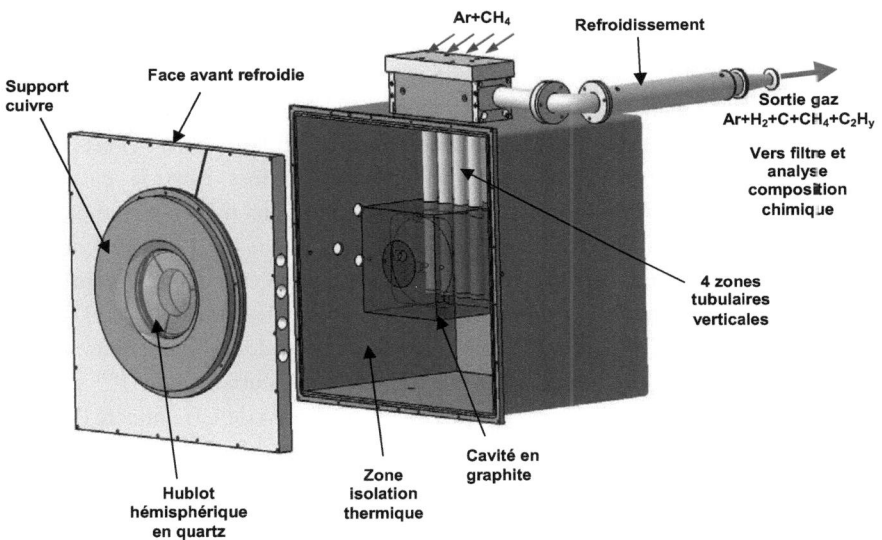

Figure 11 : Réacteur solaire prototype pour la synthèse d'hydrogène par dissociation du gaz naturel

4.1. Résultats expérimentaux

Le réacteur solaire décrit précédemment a fait l'objet d'une étude expérimentale [26-31]. La composition molaire du gaz de sortie (en particulier proportion d'hydrogène et d'hydrocarbures secondaires, C_2H_2, C_2H_4, C_2H_6), la conversion chimique, et l'efficacité thermochimique du réacteur ont été déterminées en fonction de la température, du temps de séjour du gaz réactif dans la zone à haute température, des débits gazeux entrants, et de la composition du gaz injecté (fraction molaire de CH_4 en entrée, $y_{0,CH4}$). Le débit molaire total de gaz en sortie de réacteur (F) peut être calculé à partir des fractions molaires (y_i) des différentes espèces (CH_4, H_2, C_2H_y) mesurées par CPG et du débit molaire d'argon (F_{Ar}) :

$$F = F_{Ar}/(1-\sum_i y_i) \qquad (5)$$

Le taux de conversion du méthane (X_{CH4}) et le rendement en hydrogène (Y_{H2}) sont calculés par l'équation (2).

L'efficacité thermochimique du réacteur représente la fraction d'énergie solaire absorbée par le réacteur qui est convertie en hydrogène :

$$\eta_{th} = \frac{F_{0,CH4}.X_{CH4}.\Delta H_{Reactants(298K) \rightarrow Products(Treactor)}}{Q_{solar}} \qquad (6)$$

L'étude expérimentale montre que la conversion chimique augmente avec la température et le temps de séjour du gaz. Le temps de séjour calculé (τ) est le rapport entre le volume des zones de réaction tubulaires situées dans la cavité (zone isotherme) et le débit volumique gazeux dans les conditions réelles de température et de pression des tubes. Une 1ère campagne d'essais (total de 17 expériences avec injection de CH_4) a été effectuée avec une température des tubes comprise entre 1400°C et 1500°C, une fraction molaire de CH_4 en entrée entre 10% et 33%, et un débit total de CH_4 entre 1,2 et 8 NL/min. Une conversion de CH_4 supérieure à 90% et un rendement en H_2 d'environ 75% ont été mesurés durant cette 1ère campagne d'essais à la température maximale de 1500°C et 4 NL/min de CH_4 injecté (20% dans le gaz d'entrée et temps de séjour de 18 ms).

La fraction molaire du méthane en entrée a une faible influence sur les performances du réacteur. Par contre, la conversion de CH_4 et le rendement en H_2 augmentent avec le temps de séjour (Fig. 12). De même, ces deux paramètres augmentent avec la température et les teneurs en acétylène et éthylène diminuent. Un modèle de réacteur piston permet d'estimer les paramètres cinétiques de la réaction de dissociation du méthane supposée du 1er ordre ($k_0 = 1{,}47\ 10^8\ s^{-1}$ et $E_a = 205$ kJ/mol).

Parmi les hydrocarbures secondaires détectés (C_2H_2, C_2H_4, C_2H_6), l'acétylène est l'espèce majeure avec une fraction molaire pouvant atteindre 5% pour les débits de méthane les plus élevés en entrée. La quantité de C_2H_2 peut être réduite en augmentant le temps de séjour dans la zone haute température. La fraction molaire de l'éthylène est environ 10 fois plus faible que celle de l'acétylène et la fraction molaire de l'éthane est environ 10 fois inférieure à celle de l'éthylène.

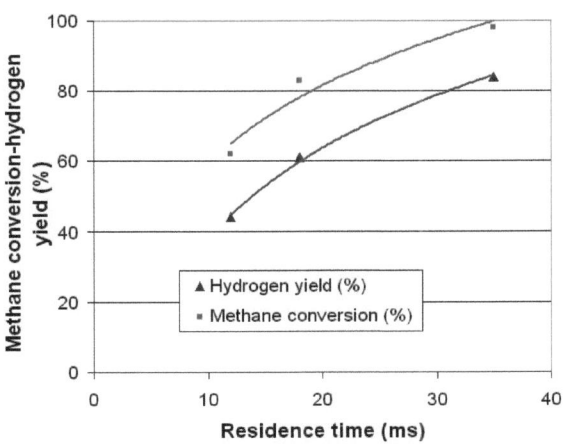

Figure 12 : Influence du temps de séjour sur la conversion CH_4 et le rendement H_2 à 1470°C (fraction molaire CH_4 constante : 20%)

En ce qui concerne les matériaux carbonés formés, deux types de produits sont identifiés : (1) le noir de carbone sous forme de nanoparticules recueillies dans le filtre (diamètre 10-100 nm), (2) un dépôt de carbone recueilli dans les tubes. Le dépôt de carbone sur les parois des tubes dépend de la température. Dans la zone haute température des tubes (zone cavité recevant le rayonnement), un dépôt de carbone pyrolytique se produit notamment sur la paroi des tubes internes. Un dépôt par thermophorèse est observé dans la zone où la température des tubes diminue (zone des tubes située dans les isolants). En utilisant des tubes internes en alumine à la place du graphite, le dépôt pyrolytique est éliminé mais le carbone thermophorétique est encore présent (Fig. 13).

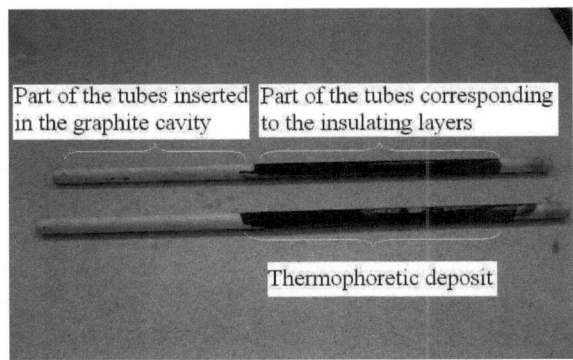

Figure 13 : Dépôt de carbone sur des tubes internes en alumine

Une seconde campagne d'essais a été effectuée avec des températures de tubes variant de 1550°C à 1800°C. Une conversion complète de CH_4 peut être obtenue quelle que soit la quantité de CH_4 en entrée (de 10% à 100%), des rendements en H_2 supérieurs à 90% sont atteints, et l'efficacité thermochimique du réacteur se situe dans le domaine 5-12%.

A titre d'exemple, la Figure 14 montre l'évolution de la fraction molaire de H_2 et CH_4 en sortie au cours du temps ainsi que les valeurs des conversions et rendements à 1650°C. La dissociation du méthane est totale et la teneur en H_2 augmente avec le débit de CH_4. En fin d'expérience (à partir de 1300 s), les 4 chutes successives de la fraction molaire en H_2 correspondent à l'arrêt de l'injection de CH_4 dans chaque tube en raison de leur colmatage.

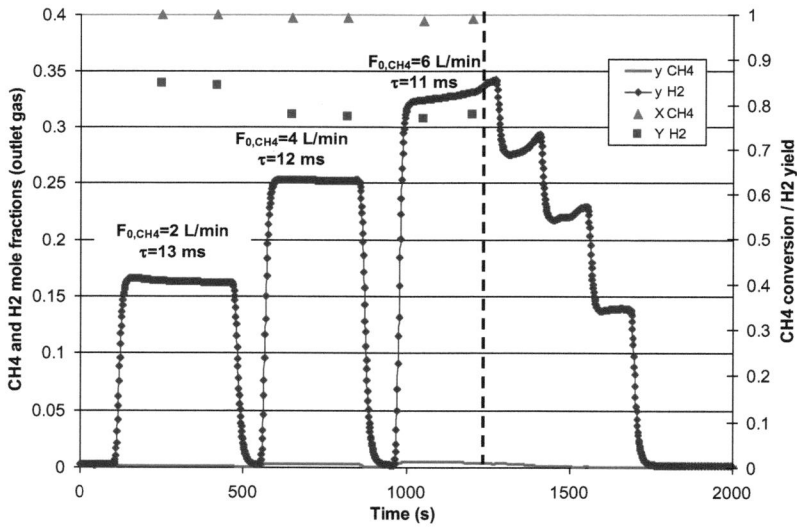

Figure 14 : Influence du débit de CH_4 à 1650°C (débit Ar constant, F_{Ar} = 18 NL/min)

La conversion de CH_4 et le rendement en H_2 augmentent lorsque le débit total de gaz entrant est diminué (ce qui induit une augmentation du temps de séjour), comme illustré sur la Figure 15.

Pour une température donnée, il existe un temps de séjour minimal pour lequel la conversion est totale. Par exemple, la Figure 16 montre que la conversion du méthane est totale à 1550°C pour un temps de séjour supérieur à 25 ms. La fraction molaire de C_2H_2 diminue de façon importante et le rendement en carbone augmente lorsque le temps de séjour augmente.

L'utilisation de gaz naturel (contenant 9,5% d'éthane et des traces de CO_2 et N_2) à la place du méthane n'engendre pas de différences significatives sur les teneurs en hydrogène, acétylène et méthane en sortie.

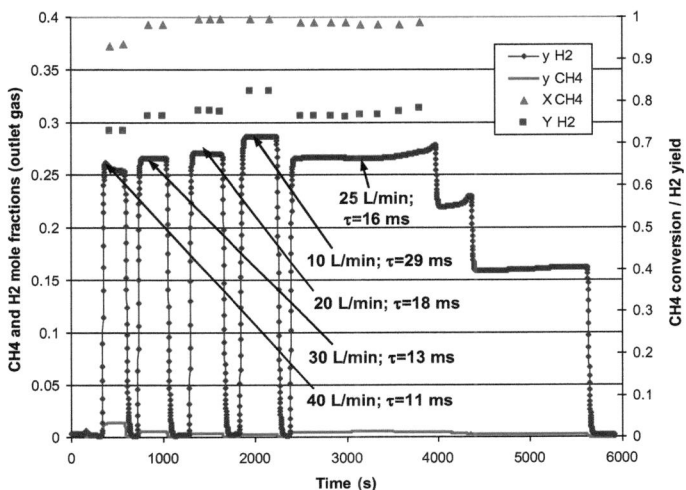

Figure 15 : Influence du débit total en entrée à 1700°C (fraction molaire de CH_4 constante, $y_{0,CH_4} = 20\%$)

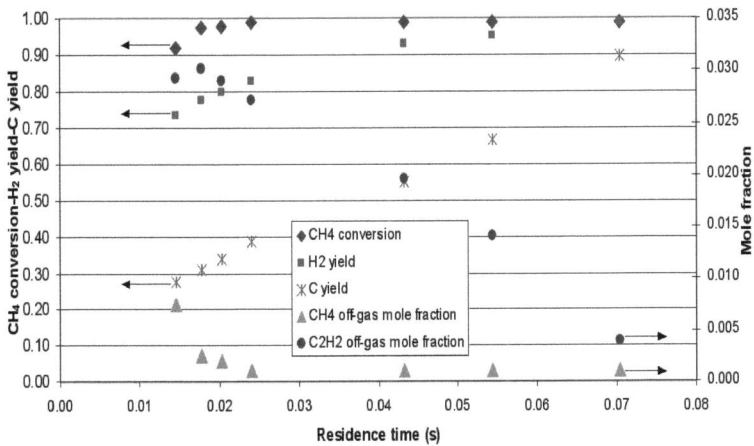

Figure 16 : Conversion de CH_4, rendements en H_2 et C, et fractions molaires de CH_4 et C_2H_2 en fonction du temps de séjour (T = 1550°C)

Les paramètres cinétiques de la réaction de dissociation de CH_4 ont été estimés en supposant une cinétique du premier ordre et un modèle de réacteur piston isotherme. Le temps de séjour τ et la conversion du méthane sont reliés par :

$$k\tau = -(1+\alpha)\beta \ln(1-X_{CH_4}) - \alpha\beta X_{CH_4} \qquad (7)$$

où α est le facteur d'expansion chimique, β le facteur de dilatation physique, et k le taux de réaction qui suit une loi d'Arrhenius. Ainsi, il est possible de déterminer la constante cinétique k pour différentes températures, puis une régression linéaire ($\ln(k)=f(1/T)$, $R^2=0,9932$) permet d'estimer un facteur pré-exponentiel de $1,42 \times 10^7$ s^{-1} et une énergie d'activation de 172 kJ/mol. Ces valeurs sont en accord avec les paramètres rapportés dans la bibliographie pour des réactions de craquage hétérogènes (catalytiques).

4.2. Simulation du réacteur solaire de 20 kW

Le réacteur a été modélisé à l'aide d'une approche diphasique couplant les phénomènes de transferts et la réaction chimique hétérogène entraînant la formation de nanoparticules de carbone (phase granulaire). Ces particules agissent comme des sites actifs pour la réaction (effet catalytique) et participent aux transferts de chaleur. Le modèle permet de prévoir les performances du réacteur, en particulier, les distributions de température et de concentrations des espèces, et le taux de conversion en sortie. Cette modélisation a constitué un outil utile lors de la phase de conception et de dimensionnement.

Des simulations en 2D ont été effectuées sur une zone de réaction tubulaire afin d'étudier l'influence de la température de paroi, des débits gazeux (temps de séjour), de la teneur de méthane en entrée, et des paramètres cinétiques. Une étude spécifique a été développée afin de quantifier l'influence des transferts radiatifs en milieu participant non gris sur le chauffage d'un écoulement laminaire Ar/CH_4, ceci impliquant l'utilisation des propriétés radiatives du méthane à haute température. Les résultats montrent que l'absorption du rayonnement par le méthane modifie le champ de température de façon significative.

Un modèle 3D intégrant dans un premier temps une seule zone de réaction puis les 4 tubes a permis de montrer que la température dans la cavité et dans la zone de réaction est uniforme (comprise entre 1700 et 1900 K, Fig. 17), permettant un chauffage du gaz homogène à l'intérieur de la cavité réceptrice du réacteur et un taux de conversion élevé (> 70%) [32-33].

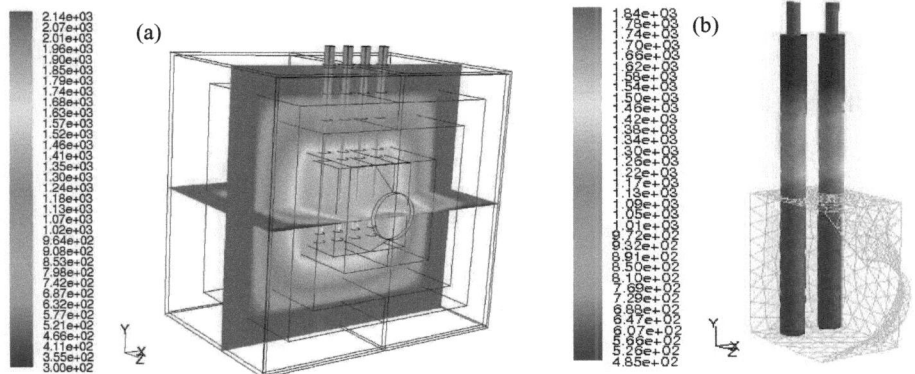

Figure 17 : (a) Température sur deux plans de symétrie du réacteur et (b) température des tubes

Ces différents modèles prennent en compte la réaction hétérogène entraînant la formation de nano-particules de carbone (phase granulaire) dans un écoulement diphasique (approche eulérienne). Les modèles futurs devront également intégrer les phénomènes de nucléation, croissance et agrégation des particules qui agissent comme des sites actifs pour la réaction (effet catalytique) et qui participent aux transferts de chaleur (absorption du rayonnement par le milieu semi-transparent).

5. Réacteur solaire de 50 kW

Le réacteur solaire pilote de 50 kW, représenté sur la Figure 18, a été construit et développé dans la seconde phase du projet SOLHYCARB. Ce réacteur comprend 7 zones de réaction tubulaires (tubes simples en graphite, $\varnothing$ 26x18 mm). Les tubes simples sont préférés aux tubes concentriques afin de minimiser le dépôt de carbone sur les parois. Une étude préliminaire en réacteur tubulaire utilisant une torche plasma comme source de chaleur externe a été effectuée [31]. La géométrie du récepteur est similaire à celle du réacteur de 20 kW. Il est constitué d'une cavité en graphite (400 mm de large) munie d'une ouverture de 130 mm et fermée par une fenêtre hémisphérique en quartz. Des essais expérimentaux ont permis de quantifier les performances du réacteur en fonction des conditions opératoires. La composition du gaz en sortie du réacteur a été mesurée et la conversion chimique optimisée en fonction de la température de réaction, des débits gazeux dans le système (temps de séjour des réactifs), et de la composition du gaz en entrée. Un facteur économique clé du procédé est la valeur ajoutée du NC formé. Les propriétés des NC produits par le réacteur solaire ont donc été évaluées pour des applications dans le domaine des batteries et polymères.

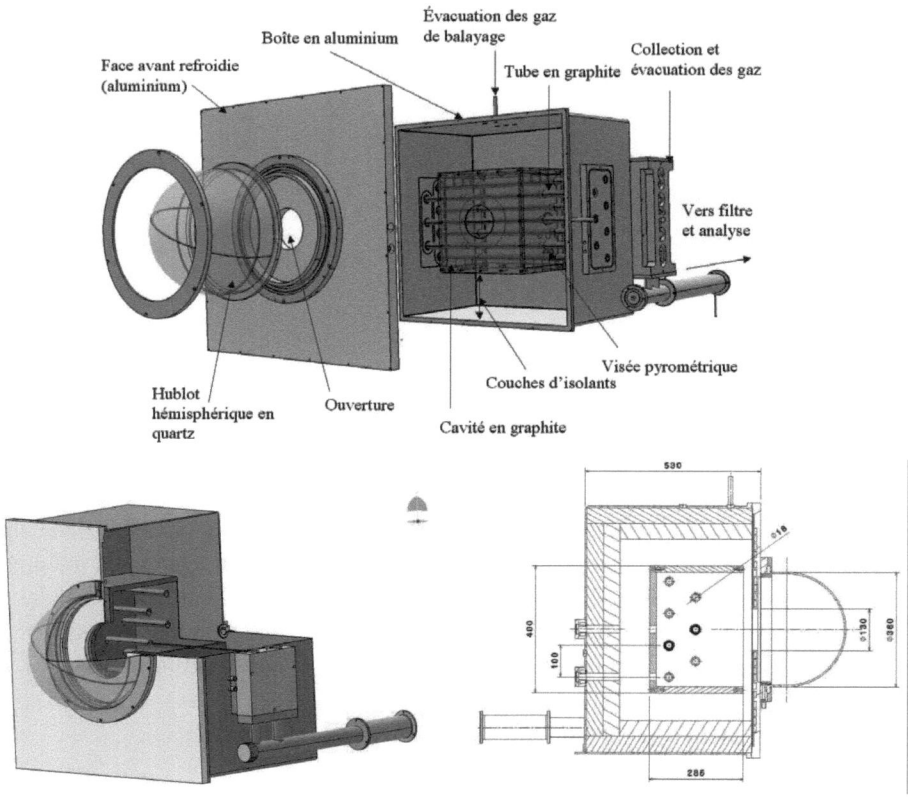

Figure 18 : Réacteur solaire de 50 kW

Les différentes conditions opératoires étudiées sont regroupées dans le tableau 1, chaque test correspondant à un échantillon différent de noir de carbone.

Tableau 1 : Conditions expérimentales testées avec le réacteur de 50 kW

Tests	Ar(NL/min)	CH_4(NL/min)	Fraction molaire en CH_4	Pression(Pa)	$T_{pyromètre}$ (K)	Temps de séjour(s)
1	31,5	10,5	0,25	43000	1608	0,070
2	31,5	10,5	0,25	46000	1693	0,071
3	31,5	10,5	0,25	43000	1778	0,063
4	31,5	10,5	0,25	42000	1793	0,061
5	31,5	10,5	0,25	42000	1928	0,057
6	49	21	0,3	47000	1698	0,043
7	21	21	0,5	41000	1798	0,059
8	49	21	0,3	43000	1808	0,037
9	49	21	0,3	45000	1873	0,038

On observe que plus la température est élevée, meilleurs sont les paramètres chimiques de conversion (Fig. 19). A l'échelle de 50 kW, une production de 2,24 Nm³/h de H$_2$ (88% de rendement H$_2$), 330 g/h de noir de carbone (49% de rendement C), et 340 g/h (0,3 Nm³/h) de C$_2$H$_2$ a été obtenue à une température de 1800K pour 900 g/h (1,26 Nm³/h) de CH$_4$ injecté (test 7). Les rendements thermochimiques et thermiques maximaux obtenus sont de 13,5% et 15,2%, respectivement. Une énergie d'activation de 196 (+/-17) kJ/mol et un facteur pré-exponentiel dans la gamme 1,57x10^7 s^{-1} - 1,61x10^8 s^{-1} ont été identifiés sur la base d'un modèle de réacteur piston. Les résultats expérimentaux sur ce réacteur pilote ont été analysés en détail en termes de performances chimiques et d'efficacités thermochimiques de conversion [34].

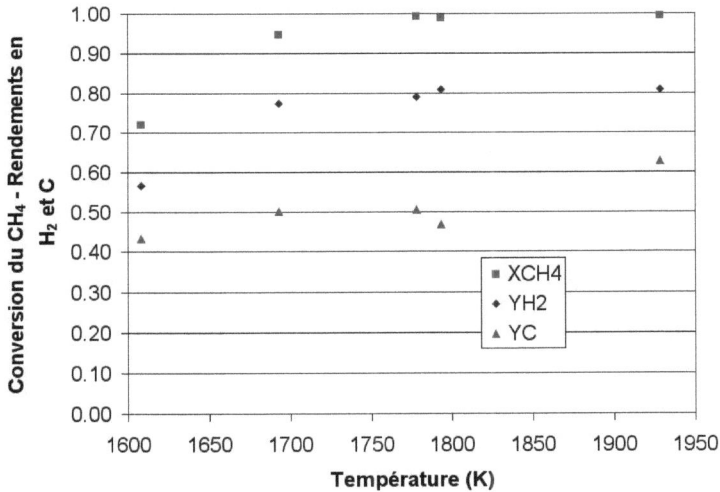

Figure 19 : Conversion du CH$_4$ et rendements en H$_2$ et C en fonction de la température pour la première série expérimentale (Ar : 31,5 NL/min, CH$_4$: 10,5 NL/min)

6. Propriétés des noirs de carbone et analyse du procédé

Des échantillons de noir de carbone de plusieurs dizaines de grammes ont été récupérés dans le filtre correspondant à chaque condition expérimentale. D'après les observations au MET, les particules de carbone forment des agrégats de particules primaires sphériques (20-50 nm) constituées de cristallites (plans de graphène). La température est le paramètre principal influençant la surface spécifique du carbone (de 60 à 100 m²/g à la plus haute température de 1928K, ce qui correspond à un diamètre de particule moyen d'environ 30 à 50 nm). Le noir de carbone conducteur Ensaco E250G, produit commercialement par Timcal (partenaire dans le projet SOLHYCARB), est utilisé à titre de comparaison. Les échantillons produits à la température la plus élevée (1928K) ont une structure et une conductivité approchant celle de ce matériau commercial de référence. La structure fait référence ici à l'organisation tridimensionnelle du noir de carbone (plus le noir de carbone est structuré, plus faible sera la charge nécessaire dans le polymère pour atteindre une certaine conductivité). L'étude détaillée sur les propriétés des noirs de carbone produits (imagerie, MEB, MET, degré de graphitisation, surface spécifique, structure) a été réalisée [35].

Une simulation du procédé (réalisée sous ProsimPlus3 sur la base d'un flowsheet détaillé, Fig. 20) a permis d'évaluer la production d'hydrogène et de noir de carbone à l'échelle industrielle. Ainsi, une production de 440 kg/h d'hydrogène et 1300 kg/h de CB est obtenue pour une consommation en méthane de 1740 kg/h pour une puissance totale de l'installation de 14,6 MW. Une analyse économique globale de ce procédé montre qu'un coût compétitif de production de l'hydrogène peut être atteint (<1,4 $/kg) pour un prix de vente du noir de carbone voisin de 0,9 $/kg, ce qui correspond à des matériaux commerciaux pour des applications dans le domaine des batteries et polymères. Les perspectives économiques de ce procédé sont donc favorables. L'analyse du procédé global a été effectuée en considérant les bilans matière et énergie associés au flowsheet et les rendements énergétiques correspondants, afin d'estimer le coût de production de l'hydrogène en fonction du prix de vente du noir de carbone formé [36].

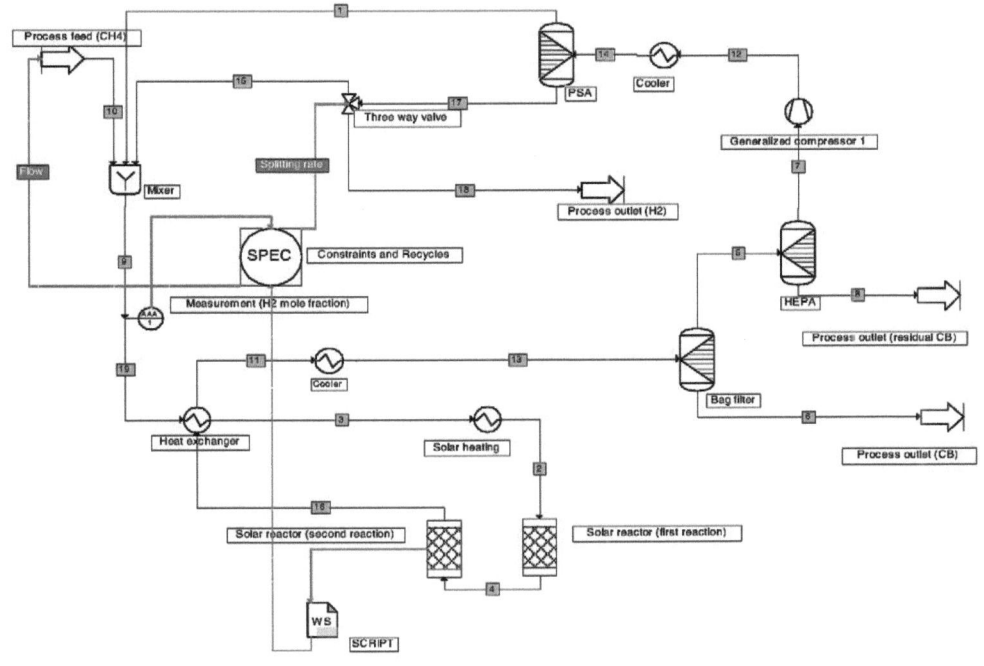

Figure 20 : Plan de circulation des fluides (ProsimPlus3®)

7. Conclusions / perspectives

Le procédé de dissociation thermique du méthane (ou pyrolyse) a été développé jusqu'à une échelle de réacteur significative (50 kW). Un concept de réacteur multitubulaire avec chauffage indirect du milieu réactif par rayonnement solaire a ainsi été développé.

Les travaux sur cette thématique se focalisent également sur l'étude de la dissociation thermo-catalytique du méthane (collaboration IHI Corporation, Japon), et concernent le développement d'un nouveau réacteur solaire de 1 kW_{th} afin de réaliser la dissociation du méthane avec injection de catalyseur (particules de noir de carbone) dans l'écoulement gazeux, permettant d'abaisser la température de réaction [37]. Les particules de carbone assurent donc à la fois le rôle d'absorption du rayonnement et de sites réactionnels pour la dissociation du méthane. Une configuration de réacteur en lit fixe de catalyseur a également été développée [38]. Le domaine de température visé est ainsi de 900-1200°C. Les travaux ont concerné la simulation et le dimensionnement du réacteur (modèle CFD 3D), la conception et la construction du nouveau dispositif avec injection de solide, et l'évaluation expérimentale de ses performances pour la dissociation catalytique du méthane.

Les travaux concernant les systèmes hybrides solaire/hydrocarbure pourront également se focaliser sur les procédés de pyrolyse/gazéification de matières hydrocarbonées par voie solaire, ce qui constitue une voie différente de conversion thermochimique avec pour objectif la production de syngas :

$$C_xH_yO_z + (x-z) H_2O \rightarrow x\ CO + (y/2 + x - z) H_2$$

Des réacteurs thermochimiques solaires permettant le traitement thermique de solides carbonés à un niveau de température modéré (900-1200°C) peuvent être développés afin de permettre la valorisation énergétique de matériaux tels que la biomasse lignocellulosique et la production de combustibles de synthèse.

II. Dissociation de l'eau par cycles thermochimiques

1. Contexte et enjeux

L'eau constitue la source idéale d'hydrogène en raison de son abondance, faible coût, et l'absence d'émission de CO_2 lors de sa dissociation en hydrogène et oxygène. La production d'hydrogène à partir d'énergies renouvelables par dissociation de l'eau est donc un enjeu majeur pour le futur. Les cycles thermochimiques constituent une voie de production d'hydrogène ne faisant pas appel à des substances fossiles carbonées en voie d'épuisement et susceptibles de produire du CO_2 en grande partie responsable de l'effet de serre. Ces cycles consistent à réaliser la décomposition thermique ou thermo-électrochimique de l'eau avec apport (et donc stockage) d'énergie solaire grâce à une succession de réactions dont la somme est équivalente à :

$$H_2O \rightarrow H_2 + \tfrac{1}{2} O_2 \qquad (\Delta H° = 286 \text{ kJ/mole } H_2)$$

La dissociation thermique directe de l'eau n'est pas favorable sur le plan thermodynamique et de très hautes températures (> 2500°C) sont requises pour obtenir un taux de dissociation significatif. L'avancement de la décomposition directe est faible (10%) à 2800 K ($\Delta G° = 0$ à environ 4700 K). De plus, les produits O_2 et H_2 doivent être trempés pour empêcher leur recombinaison et une étape de séparation coûteuse faisant appel à un procédé membranaire est nécessaire. Pour ces raisons, les perspectives de viabilité sont minces pour ce procédé.

Les cycles thermochimiques courts (2/3 étapes) couplés à une source solaire permettent d'éviter ces inconvénients. La mise en oeuvre d'étapes intermédiaires permet d'abaisser la température de réaction. Les cycles prometteurs sont généralement basés sur les paires redox d'oxydes métalliques (M_xO_y/M_xO_{y-1}). Par exemple, les cycles aux oxydes à 2 étapes s'écrivent :

Etape solaire : $M_xO_y \rightarrow M_xO_{y-1} + \tfrac{1}{2} O_2$ (endothermique, T_1)
Hydrolyse : $M_xO_{y-1} + H_2O \rightarrow M_xO_y + H_2$ (exothermique, T_2)

L'oxyde métallique subit une réduction thermique avec apport d'énergie solaire concentrée (étape solaire endothermique), puis le sous oxyde réduit est hydrolysé (génération H_2). L'oxyde métallique est ensuite recyclé dans l'étape 1 donc il n'est pas consommé dans le procédé. De plus, l'hydrogène produit est pur (pas de contamination par des produits carbonés comme CO, CO_2) donc il peut être utilisé directement dans les piles à combustible. Enfin, l'hydrogène et l'oxygène sont produits séparément, évitant une étape supplémentaire de séparation gazeuse à haute température consommatrice d'énergie.

L'étape solaire requiert le développement et l'évaluation de concepts de réacteurs solaires appropriés pour des réactions solide/gaz. Le développement de cycles candidats nécessite la sélection et la caractérisation expérimentale des systèmes réactifs producteurs d'hydrogène, ainsi que la conception et l'ingénierie des réacteurs et l'analyse de l'efficacité énergétique des procédés.

En terme d'enjeux énergétiques, les cycles thermochimiques doivent être positionnés par rapport à l'électrolyse. Pour être concurrentiels, les cycles thermochimiques doivent permettre de produire de l'hydrogène avec un rendement énergétique supérieur à l'électrolyse, soit environ 24% par rapport aux technologies actuelles basées sur une électricité d'origine nucléaire (conversion chaleur-électricité 35% × rendement électrolyse 70%) et environ 36% par rapport aux technologies futures (conversion chaleur-électricité 45% × rendement électrolyse 80%) [39].

Les cycles ont fait l'objet de recherches actives durant les décennies 70-80, en particulier dans le but de valoriser la chaleur des réacteurs nucléaires (type HTGR) [39-42]. Des travaux à partir de bases de données ont été développés (par Japan Atomic Energy Research Institute, JAERI et General Atomics, GA) afin de sélectionner les cycles les mieux adaptés et présentant un niveau de température compatible avec une source de chaleur d'origine nucléaire (environ 900°C) [43]. Les cycles généralement retenus sont les cycles I-S et UT-3 [44-45]. Les travaux de R&D sur ces cycles ont été repris (en particulier I-S) par le CEA et GA dans le cadre des recherches sur les filières nucléaires de $4^{\text{ème}}$ génération. Ces cycles sont pénalisés par : (1) une mise en œuvre à l'échelle procédé complexe en raison d'un grand nombre d'étapes chimiques (> 3) et la présence de réactions secondaires, (2) plusieurs composés chimiques à recycler impliquant des étapes de séparation nombreuses et délicates (ce qui entraîne des pertes de matière), (3) l'emploi de composés toxiques et corrosifs, (4) des réactions souvent partielles et lentes pénalisant le rendement énergétique global du procédé.

Au contraire, les cycles solaires à base de couples redox oxyde/métal ou oxyde/sous-oxyde permettent d'éviter ces inconvénients et présentent des rendements thermochimiques intéressants (de l'ordre de 45%). L'utilisation de l'énergie solaire concentrée permet d'atteindre des températures largement supérieures à 900°C (température seuil pour les cycles couplés à une source de chaleur nucléaire), ce qui permet de considérer de nouveaux cycles prometteurs. De plus, la prise en compte de critères tels que la non toxicité des produits et la simplicité de réalisation du cycle sont primordiaux pour la réussite, à terme, d'une telle filière de production.

Les recherches sur les cycles solaires à base d'oxydes (ZnO/Zn, Mn_2O_3/MnO, CdO/Cd, Fe_3O_4/FeO et ferrites) sont très actives en Suisse (ETHZ/PSI [46-49]), en France (CNRS [50-52]), en Allemagne (DLR [53]), aux USA (projets financés par le DOE [54]) et au Japon [55-57]. L'utilisation d'oxydes mixtes de type ferrites permet d'abaisser notablement la température du cycle et de réaliser les réactions en phase solide, et cette voie est étudiée au Japon (Tokyo Institute of Technology, Niigata Univ. [55-57]) et dans le cadre de projets européens (Hydrosol I à III).

Par ailleurs, un projet soutenu par le DOE (USA) [54] regroupant les laboratoires SNL (Sandia Nat. Lab.), l'Université du Nevada, le NREL/Univ. Colorado, et GA a conduit à une sélection restreinte de cycles déjà connus (cycles ZnO/Zn, Mn_2O_3/MnO par exemple). Les travaux actuels comprennent un nouvel examen et une sélection des cycles, l'analyse de concepts de récepteurs/réacteurs solaires, le flowsheeting, et le design de systèmes solaires centralisés et de champs d'héliostat.

Plusieurs laboratoires américains (U. Minnesota, California Institute of Technology, U. Florida, Sandia National Laboratories) ont récemment entrepris différentes études sur ces systèmes redox (cycle cérine en particulier) avec le soutien du DOE [58-60]. En effet, de multiples travaux ont été engagés en particulier sur le cycle basé sur l'oxyde de cérium ($CeO_2/CeO_{2-\delta}$) et proposé initialement par le laboratoire PROMES [61]. La capacité de ces matériaux à réaliser le cycle réduction / hydrolyse repose sur leurs propriétés redox en phase solide, notamment dans le cas du cérium à travers la transition Ce^{4+}-Ce^{3+} sans changement de phase. Ces propriétés de stockage et de mobilité de l'oxygène font des composés de la cérine des constituants clés dans les systèmes de purification des gaz d'échappement (pots catalytiques) et d'un grand nombre de catalyseurs pour l'oxydation. Ces matériaux utilisés depuis plus de 20 ans en catalyse de dépollution automobile, ont pu être améliorés aussi bien vis-à-vis de l'augmentation des propriétés redox, que l'on peut exacerber par le recours à des solutions solides cérium-métal (comme le Zr ou d'autres éléments du groupe des terres rares), et de leur résistance thermique à des températures voisines de 1100°C.

En France, PROMES-CNRS est leader dans le domaine des cycles thermochimiques à haute température, et a initialement développé une base de données MS Access regroupant environ 280 cycles thermochimiques référencés (environ 2000 références bibliographiques). Elle constitue une base de données étendue par rapport aux autres bases de données existantes élaborées dans le cadre d'un couplage avec un réacteur nucléaire HTGR (base de 110 cycles développée par GA [43]). La démarche a ensuite été complétée par une sélection, une évaluation critique, et un examen (thermodynamique, exergétique, et expérimental) détaillé de ces cycles [52]. Le potentiel de nouveaux cycles a ainsi pu être démontré expérimentalement (par

exemple, cycle au cérium [61] et cycle à l'étain [62-63] -brevet CNRS/CEA en 2008-).
Les enjeux scientifiques et techniques sont très importants et concernent aussi bien les recherches amont sur les systèmes réactifs et leur optimisation que les aspects relatifs aux technologies des réacteurs solaires et des systèmes à concentration qui sont une des clés de l'économie de cette filière.

2. Objectifs et méthodologie

L'objectif des travaux est la production d'hydrogène par cycles thermochimiques de dissociation de l'eau associée à la conversion/stockage de l'énergie solaire. Les cycles thermochimiques et l'électrolyse sont deux voies possibles pour la production de masse à partir de l'eau. Les cycles utilisent directement une source de chaleur susceptible de produire de l'hydrogène avec un meilleur rendement (car non limité par la conversion chaleur/électricité). L'objectif est de proposer des cycles thermochimiques ayant un rendement énergétique de production de l'hydrogène au moins égal à celui de l'électrolyse [39]. Un rendement global de conversion énergie solaire-hydrogène supérieur à 20% est donc visé pour concurrencer l'électrolyse avec source d'électricité PV ou CSP (conversion chaleur-électricité solaire 25% × rendement électrolyse 80%). En terme de coût, l'objectif visé à long terme est d'atteindre environ 20 €/GJ H_2 au stade du développement industriel du procédé.

Ainsi, une démarche globale d'analyse a été mise au point afin de définir les cycles les mieux adaptés à l'utilisation de l'énergie solaire concentrée. L'objectif est de sélectionner les cycles prometteurs, de les mettre en œuvre (conception des réacteurs), et d'évaluer les systèmes à concentration du rayonnement solaire pour réaliser le procédé thermochimique à grande échelle.

La démarche proposée comporte les domaines d'étude suivants :
1. Sélection de systèmes réactifs opérant dans le domaine large de température 1200-2000°C, développement de méthodes d'analyse et d'évaluation des cycles.
2. Etude expérimentale des cycles prometteurs (élaboration de nouveaux matériaux, chimie du solide, rendement et cinétique des réactions, définition des conditions opératoires optimales et existence de réactions et produits secondaires).
3. Conception et test de réacteurs chimiques (solaires et non solaires), et modélisation (CFD et simulation en régime transitoire).
4. Etude de génie des procédés, analyse des cycles d'un point de vue thermodynamique (analyse exergétique) et procédé (réacteurs chimiques, séparations, récupérations de chaleur, conception de flowsheet, simulation des procédés, évaluation technico-économique).

3. Sélection des cycles thermochimiques couplés à une source d'énergie solaire

La recherche des cycles compatibles avec l'utilisation d'une source solaire a constitué la première étape de l'étude. Une étude bibliographique détaillée a été réalisée (constitution de librairies Endnote regroupant environ 2000 références bibliographiques dans le domaine de la production d'hydrogène ou des cycles thermochimiques). Une base de données Access regroupant 280 cycles thermochimiques référencés a été élaborée, et une méthodologie d'étude des cycles a été développée (screening). Après une première analyse critique des 280 cycles, environ 30 cycles à 2 et 3 étapes ont été retenus en basant la sélection sur des critères étendus au procédé, à la technologie, aux aspects environnementaux et technico-économiques [52].

Cette méthodologie de sélection a permis de réduire considérablement le nombre de cycles potentiels. Ces cycles sont examinés de façon détaillée en faisant appel à la thermodynamique (thermochimie, analyse énergétique et exergétique), à l'expérimentation (caractérisation des réactions, analyse cinétique, test de plusieurs recyclages de matière successifs), et au génie des procédés (conception de réacteurs chimiques, design de procédés, simulation, analyse technico-économique). Les cycles thermochimiques haute température (T > 900°C) sélectionnés sont regroupés dans le Tableau 2. Certains cycles innovants ont également été mis au point et intégrés à l'étude (cas des cycles $CeO_2/CeO_{2-\delta}$ et SnO_2/SnO par exemple).

Tableau 2 : Cycles thermochimiques sélectionnés à partir de la base de données [52]

N° ID	Nom du cycle	Liste des éléments	Nombre d'étapes chimiques	Température maximale (°C)	Réactions	
6	ZnO/Zn	Zn	2	2000	$ZnO \rightarrow Zn + \frac{1}{2} O_2$ $Zn + H_2O \rightarrow ZnO + H_2$	(2000°C) (1100°C)
7	Fe_3O_4/FeO	Fe	2	2200	$Fe_3O_4 \rightarrow 3FeO + \frac{1}{2} O_2$ $3FeO + H_2O \rightarrow Fe_3O_4 + H_2$	(2200°C) (400°C)
194	In_2O_3/In_2O	In	2	2200	$In_2O_3 \rightarrow In_2O + O_2$ $In_2O + 2H_2O \rightarrow In_2O_3 + 2H_2$	(2200°C) (800°C)
194	SnO_2/Sn	Sn	2	2650	$SnO_2 \rightarrow Sn + O_2$ $Sn + 2H_2O \rightarrow SnO_2 + 2H_2$	(2650°C) (600°C)
83	$MnO/MnSO_4$	Mn, S	2	1100	$MnSO_4 \rightarrow MnO + SO_2 + \frac{1}{2} O_2$ $MnO + H_2O + SO_2 \rightarrow MnSO_4 + H_2$	(1100°C) (250°C)
84	$FeO/FeSO_4$	Fe, S	2	1100	$FeSO_4 \rightarrow FeO + SO_2 + \frac{1}{2} O_2$ $FeO + H_2O + SO_2 \rightarrow FeSO_4 + H_2$	(1100°C) (250°C)
86	$CoO/CoSO_4$	Co, S	2	1100	$CoSO_4 \rightarrow CoO + SO_2 + \frac{1}{2} O_2$ $CoO + H_2O + SO_2 \rightarrow CoSO_4 + H_2$	(1100°C) (200°C)
200	$Fe_3O_4/FeCl_2$	Fe, Cl	2	1500	$Fe_3O_4 + 6HCl \rightarrow 3FeCl_2 + 3H_2O + \frac{1}{2} O_2$ $3FeCl_2 + 4H_2O \rightarrow Fe_3O_4 + 6HCl + H_2$	(1500°C) (700°C)
14	$FeSO_4$ Julich	Fe, S	3	1800	$3 FeO (s) + H_2O \rightarrow Fe_3O_4 (s) + H_2$ $Fe_3O_4 (s) + FeSO_4 \rightarrow 3 Fe_2O_3 (s) + 3 SO_2(g) + \frac{1}{2} O_2$ $3 Fe_2O_3 (s) + 3 SO_2 \rightarrow 3 FeSO_4 + 3 FeO (s)$	(200°C) (800°C) (1800°C)
85	$FeSO_4\_4$	Fe, S	3	2300	$3 FeO (s) + H_2O \rightarrow Fe_3O_4 (s) + H_2$ $Fe_3O_4 (s) + 3 SO_3 (g) \rightarrow 3 FeSO_4 + \frac{1}{2} O_2$ $FeSO_4 \rightarrow FeO + SO_3$	(200°C) (300°C) (2300°C)

#	Name	Elements		Q	Reactions
109	C7 IGT	Fe, S	3	1000	Fe_2O_3 (s) + $2SO_2$ (g) + $H_2O \rightarrow 2 FeSO_4$ (s) + H_2 (125°C) $2 FeSO_4$ (s) $\rightarrow Fe_2O_3$(s) + SO_2(g) + SO_3(g) (700°C) SO_3 (g) $\rightarrow SO_2$ (g) + ½ O_2 (g) (1000°C)
21	Shell Process	Cu, S	3	1750	$6 Cu$ (s) + $3 H_2O \rightarrow 3 Cu_2O$ (s) + $3 H_2$ (500°C) Cu_2O (s) + $2 SO_2$ + $3/2 O_2 \rightarrow 2 CuSO_4$ (300°C) $2 Cu_2O$ (s) + $2 CuSO_4 \rightarrow 6 Cu$ + $2 SO_2$ + $3 O_2$ (1750°C)
87	$CuSO_4$	Cu, S	3	1500	Cu_2O (s) + H_2O (g) $\rightarrow Cu$ (s) + $Cu(OH)_2$ (1500°C) $Cu(OH)_2$ + SO_2 (g) $\rightarrow CuSO_4$ + H_2 (100°C) $CuSO_4$ + Cu (s) $\rightarrow Cu_2O$ (s) + SO_2 + ½ O_2 (1500°C)
110	LASL $BaSO_4$	Ba, Mo, S	3	1300	SO_2 + H_2O + $BaMoO_4 \rightarrow BaSO_3$ + MoO_3 + H_2O (300°C) $BaSO_3$ + $H_2O \rightarrow BaSO_4$ + H_2 $BaSO_4$ (s) + MoO_3 (s) $\rightarrow BaMoO_4$ (s) + SO_2 (g) + ½ O_2 1300°C)
4	Mark 9	Fe, Cl	3	900	$3 FeCl_2$ + $4 H_2O \rightarrow Fe_3O_4$ + $6 HCl$ + H_2 (680°C) Fe_3O_4 + $3/2 Cl_2$ + $6 HCl \rightarrow 3 FeCl_3$ + $3 H_2O$ + ½ O_2 (900°C) $3 FeCl_3 \rightarrow 3 FeCl_2$ + $3/2 Cl_2$ (420°C)
16	Euratom 1972	Fe, Cl	3	1000	H_2O + $Cl_2 \rightarrow 2 HCl$ + ½ O_2 (1000°C) $2 HCl$ + $2 FeCl_2 \rightarrow 2 FeCl_3$ + H_2 (600°C) $2 FeCl_3 \rightarrow 2 FeCl_2$ + Cl_2 (350°C)
20	Cr, Cl Julich	Cr, Cl	3	1600	$2 CrCl_2$ (s, T_f=815°C) + $2 HCl \rightarrow 2 CrCl_3$ (s) + H_2 (200°C) $2 CrCl_3$ (s, T_f=1150°C) $\rightarrow 2 CrCl_2$ (s)+ Cl_2 (1600°C) H_2O + $Cl_2 \rightarrow 2 HCl$ + ½ O_2 (1000°C)
27	Mark 8	Mn, Cl	3	1000	$6 MnCl_2$ (l) + $8 H_2O \rightarrow 2 Mn_3O_4$ + $12 HCl$ + $2 H_2$ (700°C) $3 Mn_3O_4$ (s) + $12 HCl \rightarrow 6 MnCl_2$ (s) + $3 MnO_2$ (s) + $6 H_2O$ (100°C) $3 MnO_2$(s) $\rightarrow Mn_3O_4$ (s) + O_2 (1000°C)
37	Ta Funk	Ta, Cl	3	2200	H_2O + $Cl_2 \rightarrow 2 HCl$ + ½ O_2 (1000°C) $2 TaCl_2$ + $2 HCl \rightarrow 2 TaCl_3$ + H_2 (100°C) $2 TaCl_3 \rightarrow 2 TaCl_2$ + Cl_2 (2200°C)
78	Mark 3 Euratom JRC Ispra (Italy)	V, Cl	3	1000	Cl_2(g) + H_2O(g) $\rightarrow 2 HCl$(g) + ½ O_2(g) (1000°C) $2 VOCl_2$(s) + $2 HCl$(g) $\rightarrow 2 VOCl_3$(g) + H_2(g) (170°C) $2 VOCl_3$(g) $\rightarrow Cl_2$(g) + $2 VOCl_2$(s) (200°C)
144	Bi, Cl	Bi, Cl	3	1700	H_2O + $Cl_2 \rightarrow 2 HCl$ + ½ O_2 (1000°C) $2 BiCl_2$ + $2 HCl \rightarrow 2 BiCl_3$ + H_2 (300°C) $2 BiCl_3$ (T_f=233°C, T_{eb}=441°C) $\rightarrow 2 BiCl_2$ + Cl_2 (1700°C)
146	Fe, Cl Julich	Fe, Cl	3	1800	$3 Fe$ (s) + $4 H_2O \rightarrow Fe_3O_4$ (s) + $4 H_2$ (700°C) Fe_3O_4 + $6 HCl \rightarrow 3 FeCl_2$ (g) + $3 H_2O$ + ½ O_2 (1800°C) $3 FeCl_2$ + $3 H_2 \rightarrow 3 Fe$ (s)+ $6 HCl$ (1300°C)
147	Fe, Cl Cologne	Fe, Cl	3	1800	$3/2 FeO$ (s) + $3/2 Fe$ (s) + $2.5 H_2O \rightarrow Fe_3O_4$ (s) + $2.5 H_2$ (1000°C) Fe_3O_4 + $6 HCl \rightarrow 3 FeCl_2$ (g) + $3H_2O$ + ½ O_2 (1800°C) $3 FeCl_2$ + $3/2 H_2O$ + $3/2 H_2 \rightarrow 3/2 FeO$ (s) + $3/2 Fe$ (s)+ $6 HCl$ (700°C)
25	Mark 2	Mn, Na	3	900	Mn_2O_3 (s) + $4 NaOH \rightarrow 2 Na_2O.MnO_2$ + H_2O + H_2 (900°C) $2 Na_2O.MnO_2$ + $2 H_2O \rightarrow 4 NaOH$ + $2 MnO_2$ (s) (100°C) $2 MnO_2$ (s) $\rightarrow Mn_2O_3$ (s) + ½ O_2 (600°C)
28	Li, Mn LASL	Mn, Li	3	1000	$6 LiOH$ + $2 Mn_3O_4 \rightarrow 3 Li_2O.Mn_2O_3$ + $2 H_2O$ + H_2 (700°C) $3 Li_2O.Mn_2O_3$ + $3 H_2O \rightarrow 6 LiOH$ + $3 Mn_2O_3$ (80°C) $3 Mn_2O_3 \rightarrow 2 Mn_3O_4$ + ½ O_2 (1000°C)
199	Mn PSI	Mn, Na	3	1500	$2 MnO$ + $2 NaOH \rightarrow 2 NaMnO_2$ + H_2 (800°C) $2 NaMnO_2$ + $H_2O \rightarrow Mn_2O_3$ + $2 NaOH$ (100°C) Mn_2O_3(l) $\rightarrow 2MnO$ (s) + ½ O_2 (1500°C)
178	Fe, M ORNL	Fe, (M = Li, K, Na)	3	1300	$2 Fe_3O_4$ + $6 MOH \rightarrow 3 MFeO_2$ + $2 H_2O$ + H_2 (500°C) $3 MFeO_2$ + $3 H_2O \rightarrow 6 MOH$ + $3 Fe_2O_3$ (100°C) $3 Fe_2O_3$ (s) $\rightarrow 2 Fe_3O_4$(s) + ½ O_2 (1300°C)
33	Sn Souriau	Sn	3	1700	Sn (l) + $2 H_2O \rightarrow SnO_2$ + $2 H_2$ (400°C) $2 SnO_2$ (s) $\rightarrow 2 SnO$ + O_2 (1700°C) $2 SnO$ (s) $\rightarrow SnO_2$ + Sn (l) (700°C)
177	Co ORNL	Co, Ba	3	1000	CoO (s) + $xBa(OH)_2$ (s) $\rightarrow Ba_xCoO_y$ (s) + (y-x-1)H_2 + (1+2x-y) H_2O (850°C) Ba_xCoO_y (s) + $x H_2O \rightarrow x Ba(OH)_2$ (s) + $CoO_{(y-x)}$ (s) (100°C) $CoO_{(y-x)}$ (s) $\rightarrow CoO$ (s) + (y-x-1)/2 O_2 (1000°C)
183	Ce, Ti ORNL	Ce, Ti, Na	3	1300	$2 CeO_2$ (s) + $3 TiO_2$ (s) $\rightarrow Ce_2O_3.3TiO_2$ + ½ O_2 (800-1300°C) $Ce_2O_3.3TiO_2$ + $6 NaOH \rightarrow 2 CeO_2$ + $3 Na_2TiO_3$ + $2 H_2O$ + H_2 (800°C) CeO_2 + $3 NaTiO_3$ + $3 H_2O \rightarrow CeO_2$ (s) + $3 TiO_2$ (s) + $6 NaOH$ (150°C)
269	Ce, Cl GA	Ce, Cl	3	1000	H_2O + $Cl_2 \rightarrow 2HCl$ + ½ O_2 (1000°C) $2CeO_2$ + $8HCl \rightarrow 2CeCl_3$ + $4H_2O$ + Cl_2 (250°C) $2CeCl_3$ + $4H_2O \rightarrow 2CeO_2$ + $6HCl$ + H_2 (800°C)

4. Outils thermodynamiques : analyse énergétique et exergétique

Afin d'évaluer les potentialités énergétiques de chaque cycle, une étude critique des cycles thermochimiques par les outils de l'analyse énergétique et exergétique est développée, et les rendements énergétiques et exergétiques sont déterminés. Nous développons une méthodologie d'analyse, de modélisation et de dimensionnement fondée sur l'analyse exergétique et la thermodynamique des processus irréversibles. L'analyse exergétique permet de quantifier les irréversibilités majeures (exergie détruite), et d'identifier les étapes du cycle responsables de ces irréversibilités (dégradation des rendements exergétiques), en vue de l'optimisation du procédé.

L'analyse exergétique a donc pour objectifs : (1) d'identifier les étapes du procédé sur lesquelles les efforts d'optimisation devront porter en priorité, et (2) de fournir un critère exergétique permettant de sélectionner les cycles ayant les plus fortes potentialités en terme de travail récupérable. Etant donné que l'hydrogène produit doit être majoritairement utilisé dans des piles à combustible, l'exergie produite (exergie utile) correspond au travail (électrique) de recombinaison de l'hydrogène et de l'oxygène ($W_{PAC} = -\Delta G_{H2 + 1/2O2 \rightarrow H2O} = 237$ kJ/mol à 298 K). Plusieurs rendements ont été définis et calculés : rendement idéal intrinsèque du cycle, rendement réel, rendement thermochimique du réacteur solaire, rendement global du procédé [64].

Par exemple, dans le cas du cycle SnO_2/SnO, le procédé global intégrant les deux étapes chimiques (réacteur solaire et hydrolyseur) et la pile à combustible est représenté sur la figure 21. L'hydrogène produit dans l'hydrolyseur est introduit dans une pile à combustible idéale qui permet de produire à 298 K une énergie électrique ($W = -237$ kJ/mol) et une quantité de chaleur ($Q = -49$ kJ/mol). Le rendement intrinsèque du cycle SnO_2/SnO basé sur le PCS de l'hydrogène (286 kJ/mol) est voisin de 42%. Le rendement du procédé global de conversion énergie solaire/hydrogène vaut 35,6%. Le rendement exergétique global du procédé est environ 29,5%, ce qui est similaire au cycle ZnO/Zn [46].

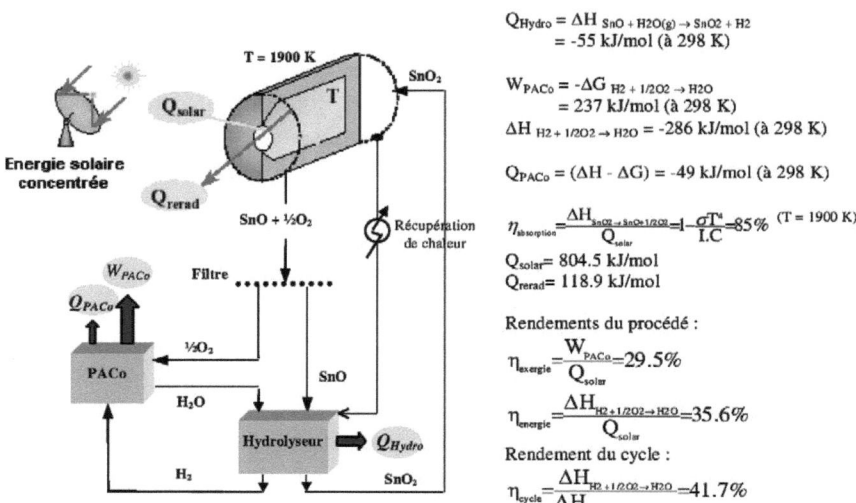

Figure 21 : Schéma de principe du procédé global de synthèse d'hydrogène et bilans énergétiques du cycle SnO$_2$/SnO

Le rendement exergétique à l'échelle des réactions chimiques a été déterminé pour chacun des cycles considérés sans nécessiter de réalisations expérimentales conséquentes. Les données expérimentales (T, P, conversion chimique) sont toutefois nécessaires pour calculer le rendement dans les conditions réelles.

4.1. Principe de l'analyse exergétique

Dans le cas d'une réaction endothermique réalisée grâce au rayonnement solaire, le bilan exergétique du réacteur en régime permanent s'écrit :

$$Q_{solaire}\left(1-\frac{T_0}{T_{source}}\right)+\dot{m}\cdot\Delta ex-Ex_{dt}=0 \qquad (8)$$

avec $Q_{solaire}$ = Energie solaire fournie au système
 T_{source} = Température de la source (température du soleil = 5800 K)
 $\dot{m}$ = Débit de réactifs entrant dans le réacteur
 Δex = Variation d'exergie au cours de la réaction (ex. des produits − ex. des réactifs)
 Ex_{dt} = Exergie détruite au cours de cette étape

Un bilan exergétique doit être écrit pour chacune des étapes élémentaires du procédé. La somme des exergies détruites dans chaque étape permet de calculer le rendement exergétique du procédé donné par l'expression :

$$\eta_{ex} = \frac{Ex_{utile}}{Ex_{entrante}} = \frac{Ex_{entrante} - \sum Ex_{détruite}}{Ex_{entrante}} = 1 - \frac{\sum Ex_{détruite}}{Ex_{entrante}} \quad (9)$$

Ce critère exergétique ainsi défini fournit une première indication quant aux potentialités exergétiques des cycles retenus. Cette analyse a été développée au niveau des réactions chimiques (rendement idéal). Le caractère spécifique de la source d'énergie (solaire) a été pris en considération (efficacité du récepteur). Elle peut être effectuée au niveau global en intégrant les principales opérations unitaires du procédé (rendement réel).

Dans le cas d'une installation solaire, les coûts du système de concentration-réception du rayonnement solaire représentent en moyenne 45% de l'investissement initial [46]. Les rendements énergétique et exergétique du procédé sont étroitement liés au dimensionnement du système réception-concentration, donc au coût de production total de l'hydrogène. Ces rendements qui constituent les principaux points de comparaison avec les technologies concurrentes, doivent être optimisés. Dans le cadre de l'utilisation d'une source d'énergie primaire solaire, le coût de l'énergie est faible voire nul, et des critères tels que la non toxicité des produits et la simplicité de réalisation du cycle sont également primordiaux en complément du critère de rendement.

4.2. Méthode de calcul du critère exergétique et résultats

Le premier calcul a été réalisé au niveau des réactions (prise en compte de l'enthalpie de la réaction et du chauffage des réactifs) en intégrant les pertes thermiques liées à l'utilisation d'un réacteur solaire. En effet, pour fournir l'exergie nécessaire aux réactifs, il faut en fournir un peu plus au réacteur solaire car ce dernier présente un certain rendement de restitution de l'exergie. L'efficacité d'absorption du réacteur est donnée par :

$$\eta_{abs} = \frac{Q_{react,net}}{Q_{solaire}} = \frac{Q_{solaire} - Q_{re-rad}}{Q_{solaire}} = \alpha_{eff} - \varepsilon_{eff} \cdot \left(\frac{\sigma \cdot T^4}{I \cdot C}\right) \quad (10)$$

avec α_{eff} et ε_{eff} : absorptivité et émissivité, σ : constante de Stephan-Boltzmann ($5,67.10^{-8}$ W/m^2.K^4), I : densité de flux solaire incident (direct normal, DNI = 1 kW/m²), C : facteur de concentration du rayonnement, T : température apparente du réacteur.

Dans le cas d'un récepteur solaire de type cavité, les pertes radiatives Q_{re-rad} sont réduites avec une petite ouverture du récepteur. La taille de l'ouverture du récepteur doit donc être optimisée pour une absorption maximale du rayonnement et des pertes radiatives minimales. La différence entre $Q_{solaire}$ et Q_{re-rad} correspond à la puissance nette absorbée par le réacteur qui est disponible à la réaction, $Q_{react.net}$. L'efficacité exergétique d'un réacteur thermochimique est donnée par :

$$\eta_{SR.ideal} = \eta_{absorption} \times \theta_{Carnot} \qquad \text{avec} \quad \theta_{Carnot} = 1 - \frac{298}{T} \qquad (11)$$

L'efficacité exergétique passe par un maximum puis diminue pour des températures plus élevées en raison des pertes radiatives (Fig. 22).

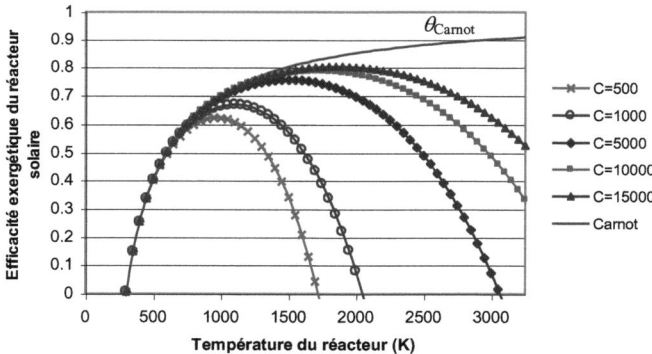

Figure 22 : Efficacité exergétique en fonction de la température du récepteur cavité pour différents facteurs de concentration C (I = 1 kW/m²)

Si le réacteur de type cavité se rapproche d'un corps noir, l'absorptivité et l'émissivité sont égales à 1. L'exergie entrante nécessaire est calculée en appliquant l'expression (12).

$$Ex_{entrante} = Q_{solaire} \cdot \theta_s = \frac{Q_{net} \cdot \theta_s}{\eta_{abs}} \qquad \text{avec} \quad \eta_{abs} = 1 - \frac{\sigma \cdot T^4}{I \cdot C} \qquad (12)$$

L'exergie entrante nécessaire est représentée sur la figure 23 pour différents cycles en prenant en compte la spécificité du réacteur solaire (DNI = 1 kW/m², C = 5000, réacteur solaire à la température d'inversion des réactions).

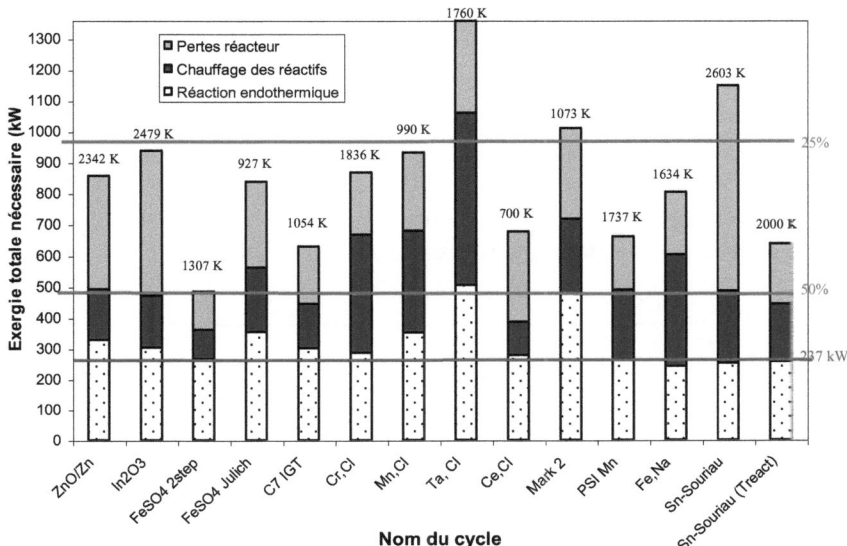

Figure 23 : Répartition des demandes exergétiques pour quelques cycles sélectionnés

Cette méthode d'analyse exergétique doit être développée avec pour objectifs :
- de quantifier les irréversibilités majeures (dégradation du rendement exergétique par destruction d'exergie), et d'identifier les opérations unitaires ou transformations responsables de ces irréversibilités, en vue de l'optimisation du procédé,
- de définir l'impact environnemental (la diminution de l'impact sur l'environnement de tous procédés passe nécessairement par l'augmentation des rendements exergétiques),
- de simuler l'évolution temporelle des procédés (simulation dynamique) afin de tenir compte des effets instationnaires tels que la variabilité de la source (flux solaire incident),
- d'effectuer une première approche technico-économique à l'aide d'une optimisation thermo-économique du procédé.

4.3. Etude thermodynamique - validation des schémas réactionnels

L'analyse thermodynamique permet, en complément de l'étude expérimentale, de valider les schémas réactionnels. Les calculs thermodynamiques ont été réalisés à l'aide d'une méthode de minimisation de l'enthalpie libre de Gibbs d'un système qui permet de prévoir les espèces stables à l'équilibre thermodynamique et de calculer la composition du système en fonction de la température, de la pression ou de la quantité de l'un des réactifs. Cette analyse thermodynamique a été effectuée sur l'ensemble des cycles avec le logiciel HSC Chemistry.

Dans l'exemple donné ci-dessous, l'analyse thermodynamique prévoit la faisabilité du cycle Fe_3O_4/FeO à 2 étapes. A haute température (2000°C), les espèces stables de l'oxyde de fer ont une composition voisine de FeO (plusieurs sous-stœchiométries sont prévues) (Fig. 24). Par ailleurs, la réaction d'hydrolyse de FeO produisant H_2 est prévue pour des températures inférieures à 500°C (Fig. 25).

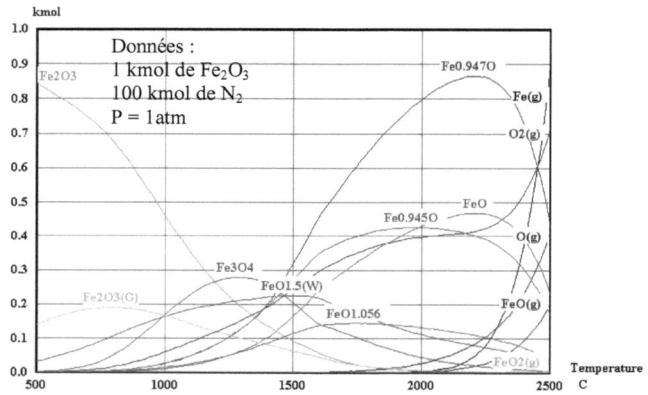

Figure 24 : Composition à l'équilibre pour la réaction de réduction $Fe_3O_4 \rightarrow 3FeO + \frac{1}{2}O_2$

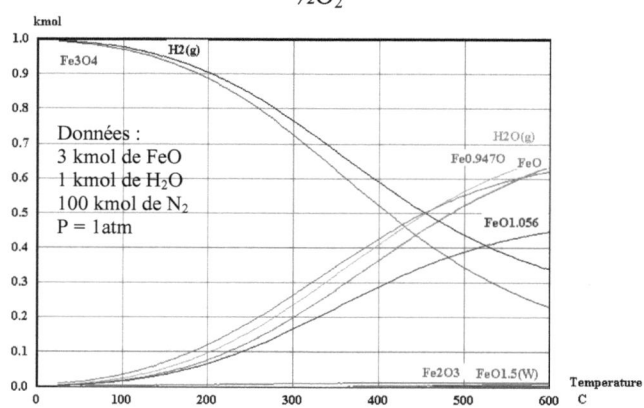

Figure 25 : Composition à l'équilibre pour la réaction d'hydrolyse $3FeO + H_2O \rightarrow Fe_3O_4 + H_2$

Concernant les cycles Co_3O_4/CoO, Mn_3O_4/MnO (2 étapes) et les cycles sulfates, l'analyse thermodynamique montre que l'étape d'hydrolyse (production de H_2) n'est pas réalisable, ce que nous avons vérifié expérimentalement.

5. Etude expérimentale des systèmes réactifs

Des cycles à 2 (ou 3) étapes innovants opérant en dessous de 1700°C ont été proposés. Deux types de systèmes redox sont développés : les oxydes simples volatils (ZnO/Zn, SnO_2/SnO principalement) et les oxydes non volatils (par exemple, Fe_3O_4/FeO, Fe_2O_3/Fe_3O_4, CeO_2/Ce_2O_3 et oxydes mixtes à base de cérium CeO_2-MO_x). Les produits réduits de la réaction haute température sont en phase gazeuse pour la première famille, alors que la seconde famille permet de réaliser les réactions en phase solide.

Les cycles comportent des étapes endothermiques solaires à haute température et des étapes à plus basse température qui sont étudiées expérimentalement. Les expériences sont réalisées à l'aide de réacteurs à haute température chauffés par rayonnement solaire et de dispositifs classiques (fours ou thermobalance couplés à des analyseurs de gaz) et ont pour objectifs :
- La validation des schémas réactionnels en fonction de la température et de la pression, et l'identification des produits et des réactions secondaires.
- La détermination de la conversion chimique et des cinétiques de réaction en fonction des conditions opératoires.
- Le test de concepts de réacteurs (influence de la géométrie, circulation de matière), en particulier afin d'optimiser les transferts thermiques et le contact entre phases.

L'étude expérimentale a concerné les familles de cycles suivantes :
(1) Cycles oxydes à 2 étapes basés sur des oxydes non volatils et volatils :
$M_xO_y \rightarrow M_xO_{y-1} + \frac{1}{2} O_2$ (réduction haute température)
$M_xO_{y-1} + H_2O \rightarrow M_xO_y + H_2$ (hydrolyse, génération H_2)

Des cycles nouveaux à 2 étapes ont été mis au point :
$2CeO_2(s) \rightarrow Ce_2O_3(s) + \frac{1}{2}O_2(g)$ $\qquad$ $SnO_2(s) \rightarrow SnO(g) + \frac{1}{2}O_2(g)$
$Ce_2O_3(s) + H_2O(g) \rightarrow 2CeO_2(s) + H_2(g)$ $\qquad$ $SnO(s) + H_2O(g) \rightarrow SnO_2(s) + H_2(g)$

(2) Cycles oxydes à 3 étapes avec activation par un hydroxyde alcalin :
$MO_{ox} \rightarrow MO_{red} + \frac{1}{2} O_2$ (réduction haute température)
$MO_{red} + 2\, M'OH \rightarrow M'_2O \cdot MO_{ox} + H_2$

$M'_2O.MO_{ox} + H_2O \rightarrow MO_{ox} + 2\,M'OH$
Avec M = Mn, Co, Fe, Ce-Ti et M' = Na, K, Li

Par exemple, dans le cas du système cérium-titane, les réactions (validées expérimentalement) s'écrivent :
$2CeO_2 + 2TiO_2 \rightarrow Ce_2O_3\text{-}2TiO_2 + \frac{1}{2}O_2$
$Ce_2O_3\text{-}2TiO_2 + 2NaOH \rightarrow 2CeO_2 + Na_2O.2TiO_2 + H_2$
$Na_2O.2TiO_2 + H_2O \rightarrow 2TiO_2 + 2NaOH$

(3) Cycles sulfates à deux étapes :
$MSO_4 \rightarrow MO_{red} + SO_2 + \frac{1}{2} O_2$ (désulfatation haute température)
$MO_{red} + SO_2 + H_2O \rightarrow MSO_4 + H_2$
Avec M = Fe, Zn, Mn, Co, Ni

5.1. Réactions à haute température couplées à une source d'énergie solaire

Des expérimentations solaires ont été menées sur la plupart des réactions qui affichent des températures d'inversion supérieures à 1000°C. Il s'agit donc principalement de réductions d'oxydes et de décompositions de sulfates métalliques.
Le dispositif expérimental initialement mis en œuvre permet d'étudier des réactions qui réclament de hautes températures sous flux solaire concentré (Fig. 26). Ce dispositif comprend un socle réfrigéré sur lequel est placé l'échantillon à dissocier, entouré par une enceinte en verre afin de réaliser les réactions sous atmosphère contrôlée et à une pression fixée (pression réduite entre 10 kPa et la pression atmosphérique). Le système est placé au foyer d'un concentrateur solaire parabolique de 2 kW (diamètre 2 m, distribution gaussienne au foyer avec une densité de flux maximale de 16 MW/m^2).

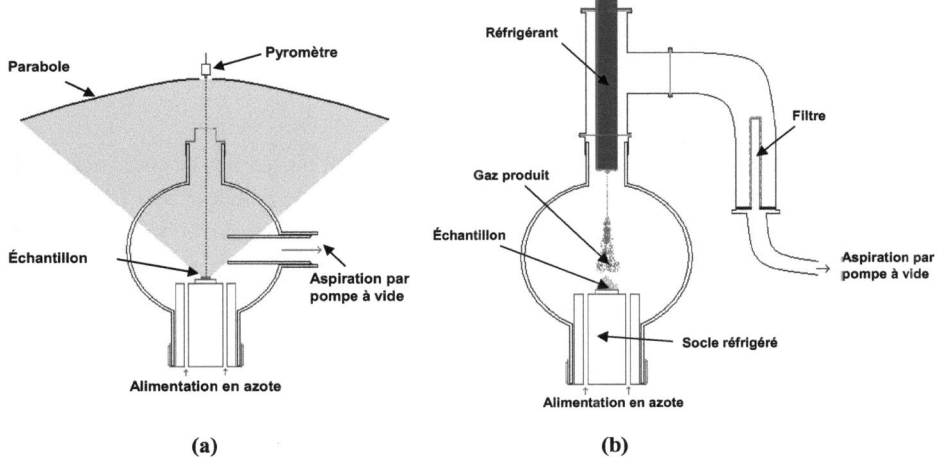

Figure 26 : Schéma du dispositif solaire dans le cas (a) d'un oxyde non volatil permettant la réduction par fusion et (b) d'un oxyde volatil permettant la synthèse de composés actifs sous forme de nanoparticules (réfrigérant amovible)

Le réacteur peut être adapté aux cas des systèmes aux oxydes volatils ou non volatils. Le montage est modulable puisque la fenêtre en fluorine (CaF_2) au travers de laquelle des mesures par pyrométrie sont possibles peut être remplacée par un réfrigérant dans le cas de réactions avec un produit en phase gaz. Un filtre céramique permet de récupérer les vapeurs condensées sous forme de nanoparticules en sortie. Une analyse en ligne en continu de O_2 (à l'aide d'un analyseur muni d'un détecteur à oxyde de zirconium) permet de suivre l'avancement de la réaction. Les produits obtenus sont ensuite analysés par divers moyens de caractérisation (ATG/ATD, DRX, XPS, microsonde, MEB, cartographie X, BET) afin d'étudier les matériaux synthétisés au niveau morphologique, textural et structural, et d'identifier les espèces et phases cristallines présentes.

Concernant les systèmes volatils, des expériences de réduction de ZnO, SnO_2 (oxyde stannique) et In_2O_3 ont été réalisées dans le réacteur solaire représenté sur la Figure 26b afin de synthétiser des composés réduits réactifs sous forme de nanoparticules. Dans le cas particulier de l'oxyde d'indium, le cycle met en oeuvre un intermédiaire instable (In_2O) :

$3 In_2O_3 \rightarrow 3 In_2O(g) + 3 O_2$
$3 In_2O \rightarrow 4 In + In_2O_3$
$4 In + 6 H_2O \rightarrow 2 In_2O_3 + 6 H_2$

Pour la 1ère réaction (haute température), la trempe est insuffisante et la réaction inverse de recombinaison en phase gaz est rapide. Le mélange souhaité In/In_2O_3 a été obtenu en présence de FeO dans le réactif de départ (l'ajout de FeO permet de capter l'oxygène libéré par l'oxyde d'indium, ce qui empêche la recombinaison entre O_2 et $In_2O(g)$).

Dans le cas des oxydes non volatils, les résultats montrent que les oxydes métalliques peuvent être totalement réduits sous air (cas de l'oxyde de cobalt et de l'hématite) ou sous atmosphère inerte (cas de l'oxyde de manganèse et de la magnétite) à la température de fusion des oxydes (Fig. 26a). Ces oxydes réduits (Fe_3O_4, FeO, CoO, MnO) sont les intermédiaires réactionnels dans les cycles oxydes à 2 ou 3 étapes. Concernant les sulfates (de Fe, Zn, Mn, Co, Ni), la désulfatation est totale pour toutes les espèces métalliques testées.Par ailleurs, un nouveau cycle basé sur le système CeO_2/Ce_2O_3 a été mis au point [61]. La réduction thermique totale du Ce(IV) en Ce(III) est obtenue au foyer d'un four solaire, à environ 2000°C par fusion de l'oxyde, et dans le domaine de pression 10-20 kPa sous flux de gaz inerte. D'après les analyses par DRX, l'échantillon réduit contient uniquement les phases CeO_2 et Ce_2O_3 dans des proportions qui dépendent des conditions opératoires, et le mélange de ces deux phases conduit à la composition globale CeO_{2-x} (0<x<0,5). Le rendement de la réaction dépend de la masse initiale de l'échantillon, de la pression dans l'enceinte, de la température, de la durée d'exposition de l'échantillon au rayonnement solaire, de l'hydrodynamique du courant gazeux inerte au voisinage de l'échantillon (qui influence les transferts solide-gaz).

Des oxydes mixtes à base de cérine synthétisés par voie solaire ont ensuite été considérés afin de concevoir de nouveaux composés permettant la production d'hydrogène. Concernant la réduction du mélange CeO_2-TiO_2 par voie solaire, l'oxyde mixte pur de stœchiométrie $Ce_2Ti_2O_7$ (structure pyrochlore correspondant à $Ce_2O_3.2TiO_2$) est obtenu sous air à partir de 1400°C. Plusieurs mélanges stœchiométriques (CeO_2-MO_x avec M = Si, Al, Zr, Fe, V, Nb) ont également été réduits afin d'élaborer de nouveaux cycles. Une étude en ATG des réactions a également permis de déterminer les températures et les cinétiques de réduction. La réactivité avec l'eau et avec l'hydroxyde de sodium (ou de potassium) de ces composés mixtes réduits a été étudiée. La réaction avec un hydroxyde alcalin permet la production d'hydrogène dans un cycle à 3 étapes.

5.2. Mesures de température lors de réactions de réduction d'oxydes métalliques

Des mesures de températures ont été réalisées par pyrométrie optique à l'aide d'un pyromètre « solar blind » muni d'un filtre fonctionnant dans la gamme de longueur d'onde 4,9-5,5 µm. Les émissivités des composés sont calculées à partir des points de fusion des oxydes et la température réelle peut ainsi être déterminée. Afin de valider ces mesures, les températures de réaction ont été mesurées à l'aide d'un four tournant mettant en oeuvre un réacteur de type auto-creuset (Fig. 27). Ce dispositif a été utilisé dans le cas des systèmes non volatils sous atmosphère d'air (à P_{atm}). La rotation du dispositif permet la formation par fusion d'une cavité (présentant les propriétés d'un corps noir, $\varepsilon = 1$) dans laquelle le pyromètre mesure directement la température. La température maximale mesurée est environ 2100 K pour l'oxyde mixte de Ce-Ti, et 1900 K dans le cas de Co_3O_4 et Fe_3O_4. Durant la réaction de réduction, la température diminue en raison de la différence entre le point de fusion de Fe_3O_4 (1597°C) et le point de fusion de FeO (1377°C) formé par la réaction.

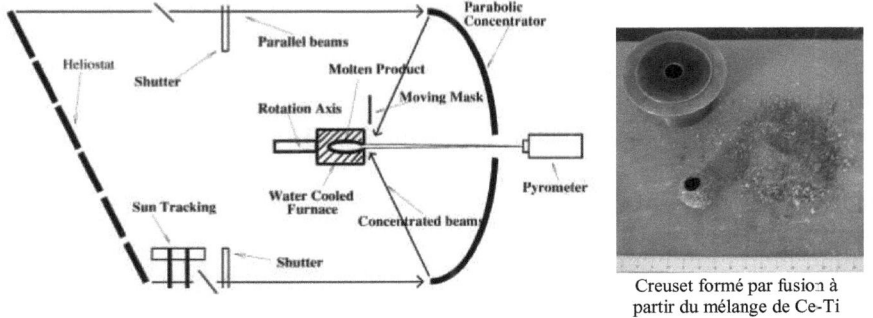

Creuset formé par fusion à partir du mélange de Ce-Ti

Figure 27 : Schéma du four tournant de type auto-creuset utilisé pour la mesure de température

6. Synthèse de nanopoudres de Zn et SnO par dissociation thermique de ZnO et SnO₂ à haute température (oxydes volatils)

Dans le cas des systèmes ZnO/Zn et SnO_2/SnO, la première réaction solide-gaz correspond à la réduction endothermique de l'oxyde (1) qui utilise l'énergie solaire concentrée comme source de chaleur à haute température, et la seconde réaction est une hydrolyse exothermique (2).

(1) $SnO_2(s) \rightarrow SnO(g) + \frac{1}{2}O_2$ $\Delta H = 557$ kJ/mol à 1600°C
(2) $SnO(s) + H_2O(g) \rightarrow SnO_2(s) + H_2$ $\Delta H = -49$ kJ/mol à 500°C

Les produits de la réaction de réduction sont en phase gazeuse (Zn ou SnO) entre 1500°C et 1700°C et ces espèces se condensent sous forme de nanoparticules. Ces dernières réagissent avec l'eau dans le domaine 400-600°C. Cette réaction exothermique produit H_2 et l'oxyde de départ qui peut être recyclé dans l'étape solaire. La productivité maximale théorique de ces cycles varie de 7 mmol$_{H2}$/g$_{oxyde}$ pour SnO$_2$ à 12,9 mmol$_{H2}$/g pour ZnO.

6.1. Réacteur solaire de type batch

Le dispositif expérimental représenté sur la Figure 26 a été développé pour étudier la réaction de dissociation de poudres de ZnO et SnO$_2$ par voie solaire. Les vapeurs d'espèce réduite produites (Zn ou SnO) sont entraînées par un gaz vecteur inerte et se condensent au dessus du socle. Le produit de la réaction est recueilli sur le filtre placé en sortie du dispositif, puis analysé par DRX (diffraction des rayons X) après étalonnage pour estimer la fraction d'espèce réduite dans le produit. Durant cette étape solaire, une recombinaison partielle de Zn ou SnO avec O$_2$ peut se produire en fonction des conditions de trempe. La présence d'un réfrigérant placé sur le trajet du gaz de sortie permet une trempe sensible des produits, donc une diminution de la recombinaison et une augmentation du rendement de dissociation. Une diminution de la pression totale ou une augmentation du débit de gaz vecteur inerte permettent de diminuer la pression partielle d'oxygène, donc d'améliorer le rendement de réaction en favorisant la formation de SnO par déplacement de l'équilibre chimique. La fraction massique de SnO obtenu est de 54% à pression atmosphérique. Une pression totale de 0,2 bar permet d'augmenter la teneur de SnO dans le produit final jusqu'à 75%.

La réaction de réduction a un rendement limité par la réaction inverse d'oxydation $M_xO_{y-1} + ½ O_2 \rightarrow M_xO_y$. La poudre récoltée sur le filtre est donc un mélange d'oxyde réduit et d'oxyde issu de la réaction parasite, et l'efficacité de l'étape solaire est donnée par la fraction molaire en oxyde réduit f_{mol} (rendement chimique de l'étape de dissociation) :

$$f_{mol} = \frac{N_{red}}{N_{red} + N_{ox}} \tag{13}$$

où N_{red} et N_{ox} correspondent respectivement aux quantités (moles) d'espèces réduites (Zn ou SnO) et d'espèces issues de la recombinaison (ZnO ou SnO$_2$). Cette donnée a été déterminée par diffraction des rayons X après calibration [65]. Des échantillons standards de f_{mol} connue ont été analysés par DRX et les aires des pics majoritaires pour les espèces réduites (43.2° pour Zn et 29.9° pour SnO) et oxydées (31.7° pour ZnO et 26.6° pour SnO$_2$) ont été mesurées, ce qui permet d'établir une courbe d'étalonnage reliant f_{mol} au rapport des aires de ces pics respectifs (Fig. 28), et donc d'estimer f_{mol} à partir d'un diffractogramme de la poudre récupérée sur le filtre.

Ces rendements chimiques ont été validés par des mesures thermogravimétriques (oxydation totale de Zn ou SnO sous air), par des bilans matière sur O_2 (analysé en sortie), ou par des analyses chimiques (dissolution dans une solution aqueuse d'acide chlorhydrique pour Zn et mesure du volume de H_2 émis par la réaction Zn + 2HCl→$ZnCl_2$ + H_2).

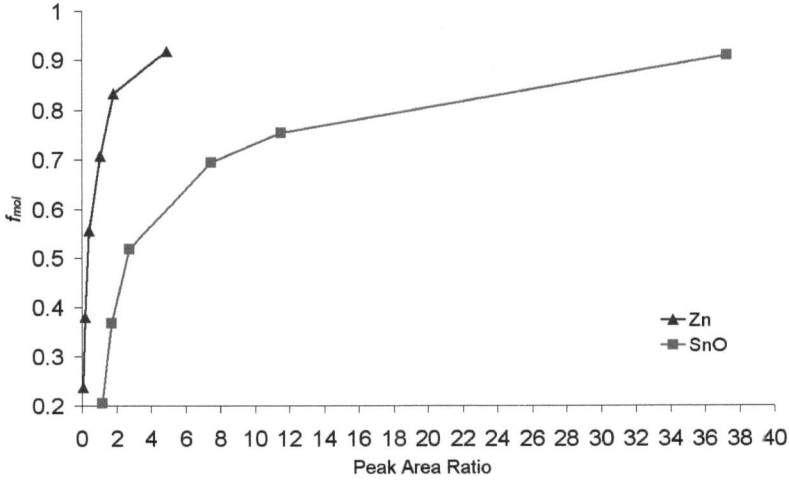

Figure 28 : Courbes d'étalonnage utilisées pour déterminer f_{mol} à partir des rapports d'aires issues des diffractogrammes RX

Les diffractogrammes ont également permis d'estimer la taille des cristallites constituant les grains de poudre, comprise entre 20 et 30 nm dans les deux cas (réduction de ZnO ou SnO_2). La microscopie électronique à balayage (MEB) a permis de caractériser la morphologie des poudres (Fig. 29). Elles sont constituées de grains micrométriques (1-50 μm, A1 et B1) qui sont eux-mêmes des agglomérats hétérogènes de nanoparticules. Les agglomérats issus de la réduction de ZnO contiennent notamment des nano-aiguilles de ZnO [66] issues de la recombinaison, tandis qu'aucune particule aux formes hexagonales ou sphériques propre à Zn n'a été observée, contrairement à d'autres études [67]. Dans le cas des oxydes d'étain, de nombreux nanodisques caractéristiques de l'espèce SnO [68] ont été mis en évidence dans les agglomérats (A2). Des surfaces spécifiques de 21±1 m^2/g et 37±1 m^2/g ont été mesurées pour Zn et SnO, respectivement.

Figure 29 : Images MEB aux échelles micro (**1**) et nanométriques (**2**) de poudres de (**A**) SnO et (**B**) Zn obtenues par réduction solaire et refroidissement uniquement gazeux (sans réfrigérant)

6.2. Analyse de la réaction de recombinaison et identification des cinétiques par méthode inverse

La présence simultanée d'O_2 et d'espèces réduites (Zn ou SnO) en sortie du réacteur de dissociation favorise la réaction de recombinaison [69-70]. Au plan cinétique, cette oxydation parasite bénéficie également des hautes températures dans cette zone.
Recombinaison : $M_xO_{y-1(s)} + \frac{1}{2} O_2 \rightarrow M_xO_{y(s)}$ (exothermique)

L'étude in-situ de la réaction de recombinaison à haute température et sous des flux radiatifs élevés est difficilement envisageable, ce qui explique l'absence de données cinétiques. Le taux de réduction dans la poudre finale obtenu après caractérisation ex-situ est la seule donnée expérimentale accessible. Par conséquent, une méthode inverse combinant un modèle de réacteur et les résultats de caractérisation des poudres a été développée afin d'identifier les cinétiques de la réaction de recombinaison dans le réacteur [71].
Le dispositif solaire (Fig. 26b) permet de caractériser la réaction inverse de recombinaison à l'aide de la méthode inverse. La caractérisation cinétique de cette réaction est importante afin de prédire l'efficacité de l'étape globale de réduction solaire. Expérimentalement, la fraction molaire en espèces réduites f_{mol} permet de

quantifier la recombinaison (nulle si recombinaison totale, égale à un si aucune recombinaison). Les paramètres cinétiques (ordre, énergie d'activation) de la recombinaison de Zn et SnO avec O_2 peuvent être identifiés à partir de la méthode inverse. En effet, les observations expérimentales ont montré que l'écoulement des espèces produites lors de la dissociation est convectif et confiné dans un pseudo-tube (Fig. 30). En assimilant la zone de recombinaison à un réacteur piston non isotherme, un bilan matière sur O_2 permet après intégration de déterminer les paramètres cinétiques de la réaction.

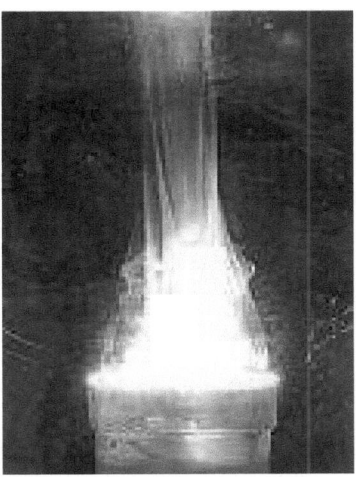

Figure 30 : Ecoulement produit lors de la dissociation d'une pastille de SnO_2 ou ZnO. La fumée est composée de particules issues de la condensation des vapeurs de Zn ou SnO, siège de la réaction parasite en raison de la présence d'O_2

Le bilan molaire d'O_2 sur une section S de hauteur élémentaire dz s'exprime,

$$\frac{dx_{O2}}{dz} = -\frac{S}{F_{tot}} k \cdot C_{O_2}^x C_{M_xO_{y-1}}^y \tag{14}$$

où l'axe z est ascendant (z = 0 à la surface de la pastille), $k=A_{0,p} \exp(-E_{a,p}/RT)$ est la constante cinétique pour la recombinaison, et x et y sont les ordres cinétiques par rapport aux concentrations molaires totales respectives d'O_2 et d'espèces réduites. Comme ces dernières sont stœchiométriquement liées par les réactions opposées de dissociation et de recombinaison, l'équation (14) devient,

$$\frac{dx_{O2}}{dz} = -\frac{S}{F_{tot}} 2^y k \cdot C_{O_2}^n \tag{15}$$

où n = x + y est un ordre cinétique global. Si la température et la pression sont constantes dans le volume élémentaire considéré, alors la concentration en O_2 est proportionnelle à la fraction molaire x_{O2},

$$C_{O_2} = x_{O2} \frac{P}{RT} \qquad (16)$$

L'intégration de l'équation (15) en fonction de la fraction molaire en O_2 et de la position z de la section considérée donne,

$$\int_{x_{O2,i}}^{x_{O2,o}} \frac{dx}{x_{O_2}^n} = -\int_0^L \frac{S}{F_{tot}} 2^y k \cdot \left(\frac{P}{RT}\right)^n \cdot dz \qquad (17)$$

où L est la longueur (verticale) de la zone de recombinaison. Par exemple, si un réfrigérant est utilisé, on peut supposer que cette dimension est inférieure à la distance entre la pastille et l'extrémité de ce dernier. La température T(z) décroît naturellement de la surface de la pastille (réacteur de dissociation) à la sortie de la zone de recombinaison. En entrée de la zone de recombinaison, les espèces qui contiennent des atomes métalliques sont, par définition, sous forme réduite et la fraction molaire en O_2 ($x_{O2,i}$) est :

$$x_{O2,i} = \frac{r}{2F_{tot}} \qquad (18)$$

r est la vitesse de dissociation (mol/s) et F_{tot} le débit gazeux total.

Les bornes d'intégration dans l'équation (17) peuvent être substituées par des termes exprimés en fonction de la vitesse de dissociation r, ce qui donne après intégration (en supposant n ≠ 1),

$$f_{mol} = (1 + (n-1) \cdot b \cdot r^{n-1})^{1/(1-n)} \qquad (19)$$

avec, $\quad b = 2^{1-x} \cdot F_{tot}^{-n} \cdot P^n \cdot R^{-n} S \cdot a \quad$ et, $\quad a = \int_0^L A_{0,p} \cdot T^{-n} \cdot \exp\left(\frac{-E_{a,p}}{RT}\right) dz \qquad (20)$

On suppose que le second terme entre parenthèse dans l'équation (19) est petit devant l'unité (ultérieurement justifié), ce qui permet l'approximation linéaire suivante,

$$f_{mol} = 1 - b \cdot r^{n-1} \qquad (21)$$

La fraction molaire en espèces réduites a ainsi pu être corrélée à la vitesse de dissociation suivant l'équation (21) pour différentes valeurs de n. Le tracé des coefficients de corrélation (R^2) en fonction de n a mis en évidence des maximums (Fig. 31). En effet, les corrélations les plus élevées ont été trouvées pour (n) compris entre 1,3 et 1,5 dans le cas de SnO. Pour Zn, la même méthode a donné 1,1 comme valeur la plus probable.

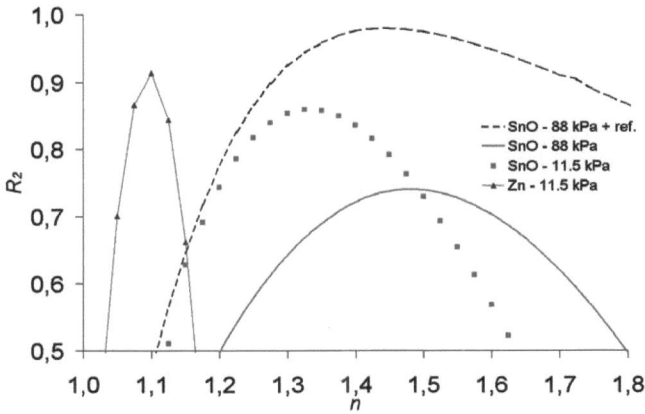

Figure 31 : Coefficients de détermination (R^2) issus de corrélations basées sur l'équation (21) en fonction de l'ordre cinétique n. "ref." signifie réfrigérant.

Ainsi, des corrélations affines ont bien été obtenues pour SnO et Zn lors des tracés des fractions molaires en espèces réduites f_{mol} en fonction des vitesses de dissociation élevées à la puissance (n-1) avec n égal à 1,4 et 1,1, respectivement.
L'énergie d'activation a ensuite été estimée à l'aide d'un modèle plus complexe en considérant le profil de température T(z) dans l'écoulement convectif au-dessus de la pastille [71]. L'énergie d'activation pour la recombinaison de SnO (42±4 kJ/mol) a été trouvée supérieure à celle du Zn (32±3 kJ/mol), ce qui est cohérent avec une réactivité supérieure de ce dernier avec les oxydants.

6.3. Réacteur solaire continu avec cavité rotative

Un premier réacteur solaire continu (puissance absorbée de 1 kW) a été conçu pour effectuer la réduction thermique des oxydes volatils (Fig. 32). Il permet l'injection continue des particules de ZnO dans une cavité rotative et la récupération des produits réduits en sortie pour leur oxydation ultérieure. Le dispositif à axe horizontal permet de travailler en atmosphère contrôlée sous flux de gaz inerte. Le récepteur est une cavité rotative en céramique (diamètre cavité : 20 ou 30 mm, diamètre ouverture : 12 mm) dans laquelle les particules sont injectées sous atmosphère inerte [72]. La cavité peut être mise en rotation à l'aide d'un moteur et d'un système d'engrenages, ce qui permet de répartir uniformément les particules d'oxyde sur la surface interne de la cavité.

Le dispositif solaire comprend un héliostat permettant de réfléchir le rayonnement incident vers un concentrateur (2 m de diamètre, 85 cm de distance focale soit un angle d'ouverture du rayonnement incident de 120°) qui délivre pour une irradiation solaire directe normale de 1 kW/m^2 une puissance de 1,4±0,1 kW. En raison de la géométrie de son diaphragme (plaque en cuivre de 2 mm d'épaisseur et 12 mm d'ouverture), une puissance de 1050±80 W est absorbée dans le cas optimal dans la cavité.

Le dispositif d'injection des poudres consiste en une vis sans fin, positionnée en permanence au sein de la cavité qui permet le transport des poudres d'oxyde jusqu'à la zone de réduction à haute température (Fig. 33). Ainsi, une injection continue est possible mais requiert une tubulure d'injection réfractaire. L'axe du réacteur a été légèrement incliné vers le bas (5-10°) et le bâti a été soumis à des vibrations (2-5 Hz) lors des tests solaires afin de faciliter le travail de la vis sans fin, d'éviter une accumulation de poudre en bout de tubulure et d'assurer une répartition de la poudre vers l'avant de la cavité. La cavité est contenue dans une enceinte au moyen d'un assemblage complexe de joints assurant étanchéité (doubles joints à lèvres) et circulation de l'eau de refroidissement (joint à gorge) malgré la mise en rotation, et fermée en face avant (entrée du rayonnement concentré) par une fenêtre hémisphérique en Pyrex™.

Suite à la condensation des vapeurs de dissociation, les particules produites sont recueillies sur un filtre à nanoparticules placé en sortie et relié à une pompe utilisée pour générer les pressions réduites (mesurées au moyen d'une jauge de pression). Ces particules ont été récupérées et analysées pour déterminer la composition chimique et la morphologie (fractions en espèces réduites, taille des cristallites).

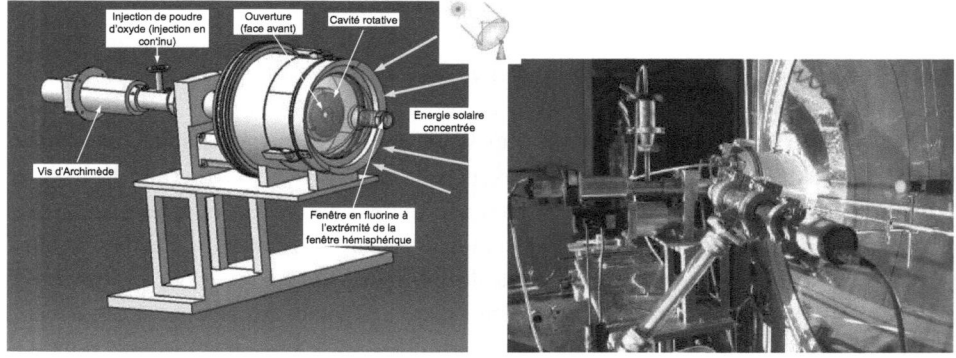

Figure 32 : Réacteur à cavité rotative pour la dissociation d'oxydes volatils injectés sous forme de poudre

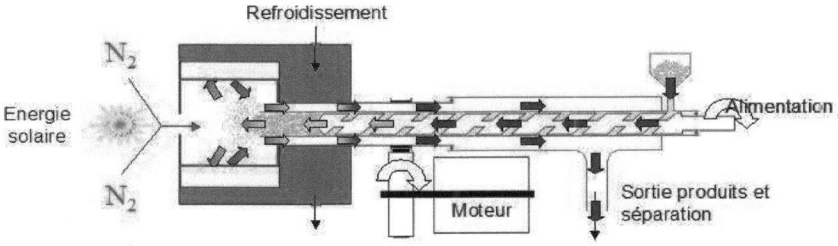

Figure 33 : Principe de fonctionnement du réacteur à cavité rotative avec injection continue de poudre d'oxyde métallique pour la synthèse de nanopoudres réactives

L'augmentation du débit de gaz neutre à 5 NL/min a permis de récupérer une quantité significative de poudre sur le filtre (taux de récupération maximum de 21%), ce qui s'explique par une diminution du temps de séjour qui réduit les dépôts. En effet, le régime laminaire est conservé dans cette gamme (nombre de Reynolds inférieur à 100) ; autrement il pourrait y avoir un effet inverse (dépôts favorisés) en raison de turbulences. Un taux de récupération maximum dans le filtre de 30% a été atteint pour un débit de gaz neutre de 8 NL/min, mais la fraction massique en Zn est plus faible (maximum de 17%) malgré la dilution élevée en raison de la pression élevée dans le réacteur (63 kPa) pour ce débit. Les résultats obtenus pour une pression de 18 kPa et un débit d'azote de 5 NL/min sont résumés dans le tableau 3.

Tableau 3 : Bilan des dissociations de ZnO effectuées. P = 18 kPa et F_{N2} = 5 NL/min (N_2), même vitesse d'alimentation de la poudre. DNI = 850±50 W/m²

#	Durée Δt (min)	Récupération sur le filtre (mg)	Récupération sur les parois (g)	Taux de récupération dans le filtre (%)	Fraction massique de Zn, f_{mass} (%)	Débit molaire de Zn, $\overline{F_{red}}$ (10^{-3} mol/min)	Taux de dilution d
1	14	20	0,5	4	27	0,49	455
2	10	55	0,5	10	38	0,75	300
3	13	150	0,55	21	38	0,73	308
4	18	127	0,5	17	28	0,46	485
5	25	21	0,45	4	28	0,25	900
6	30	101	1,35	7	40	0,66	340
7	28	60	0,48	11	42	0,26	850
8	23	82	0,31	21	25	0,22	1000

Des images MEB (Hitachi™ S-4500) ont permis de déterminer la morphologie de ces poudres (Fig. 34), composées d'agglomérats microniques (1-50 μm) de particules inférieures à 50 nm avec la présence de quelques cristaux de Zn (structure hexagonale) [67]. La taille moyenne des nanoparticules a été confirmée par la formule de Scherrer basée sur les diffractogrammes RX (20 nm).

Figure 34 : Images MEB (a) des grains de poudre recueillis sur le filtre (gauche) et (b) de la surface des grains (droite).

Ce premier concept de réacteur solaire a permis de mettre en oeuvre la réaction de dissociation de ZnO par voie solaire, d'identifier les verrous et de proposer les solutions technologiques les mieux adaptées. Ce réacteur a permis par ailleurs de démontrer la faisabilité de la dissociation solaire de ZnO en continu à pression réduite à partir d'une cavité en oxydes réfractaires standards (alumine, isolant alumino-silicate). Plusieurs limitations restent à améliorer, à savoir :
- un manque de mesures des paramètres physiques pour des études quantitatives en raison de la rotation de la cavité, ce qui empêche l'usage de thermocouples et cause des micro-fuites (entrée d'air dans le réacteur) qui rendent délicat le suivi de la réaction par mesure de l'oxygène émis.
- le taux de récupération d'espèces réduites dans le filtre limité en raison de la distance importante entre la cavité et le filtre qui favorise les dépôts sur les parois.
- une faible efficacité énergétique en raison de pertes par conduction à travers le diaphragme en cuivre et l'isolant.
Le premier point complique la caractérisation des performances de ce type de réacteur, tandis que les suivants empêchent la synthèse de quantités importantes d'espèces réduites nécessaires pour l'étude de leur réactivité avec H_2O et CO_2.

Modélisation CFD du réacteur solide-gaz :
Ce réacteur a fait l'objet d'une modélisation en parallèle de l'étude expérimentale [73]. La modélisation CFD des réacteurs solaires solide-gaz est réalisée afin de simuler le comportement hydrodynamique, thermique, et chimique du réacteur, et de

prévoir les profils de température et de concentration des espèces. Un modèle de réacteur a été développé pour une géométrie 2D axisymétrique en prenant en compte l'écoulement solide-gaz par une approche lagrangienne (modèle phase discrète). Ce modèle prévoit le comportement thermique et le taux de conversion dans le cas de la dissociation de ZnO (ZnO(s)→Zn(g) + ½O$_2$(g)) pour laquelle les données cinétiques sont disponibles. La durée du régime transitoire correspondant au chauffage du réacteur varie de 5 à 10 min. Les particules jouent à la fois le rôle de réactif et d'absorbeurs volumiques du rayonnement. Les particules d'oxyde métallique sont injectées par le canal central et la réaction solide-gaz de surface consommant les particules se produit lorsque leur température augmente (Fig. 35). Le diamètre des particules diminue donc au cours du temps en raison de la réaction de dissociation. Le taux de dissociation final dépend de la température des particules et de leur diamètre initial. Les particules de ZnO sont totalement consommées pour une température de 2200 K et un diamètre initial de 1 µm.

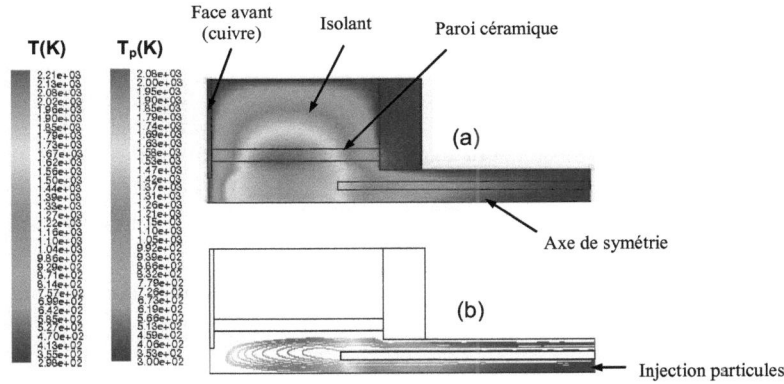

Figure 35 : (a) Distribution de température ; (b) température et trajectoire des particules de ZnO (taux de conversion final de la réaction de dissociation de ZnO : 50%)

6.4. Réacteur solaire continu à cavité fixe

Un nouveau réacteur de type cavité fixe a été développé et construit (Fig. 36) [74]. Les contraintes du précédent réacteur ont été respectivement corrigées par l'absence de la mise en rotation de la cavité, un raccourcissement de la distance cavité-filtre, l'absence du refroidissement du diaphragme et un renforcement de l'isolation. Une configuration verticale a été adoptée en raison du mode d'introduction choisi du réactif (colonne de pastilles). L'oxyde est introduit sous forme de pastilles compactes par le fond de la cavité à l'aide d'un piston ascendant (Fig. 37). Ce système permet de traiter une plus grande quantité de matière et il est couplé à un analyseur d'oxygène afin de suivre en continu l'évolution de la réaction. La Figure 38 montre les mesures effectuées pour un test de dissociation de ZnO à 1800K. Ce réacteur permet de produire des quantités significatives de nanopoudres réduites (1 à 2 g pour chaque expérience en fonction de la durée) pour permettre leur caractérisation et leur réaction avec H_2O et CO_2 de façon représentative.

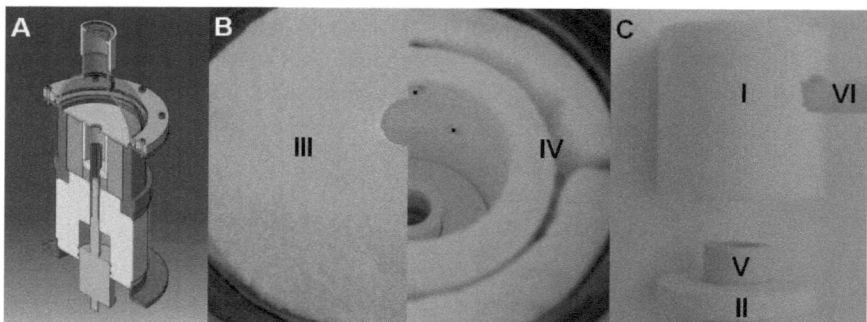

Figure 36 : A – Vue en coupe axiale du réacteur optimisé (alumine en jaune, isolant en orange, entrée/sortie de gaz non visibles)
B – Isolation : photographie composite avec et sans le diaphragme (points noirs : thermocouples)
C – Cavité : photographie des pièces en alumine (entrée auxiliaire non visible)

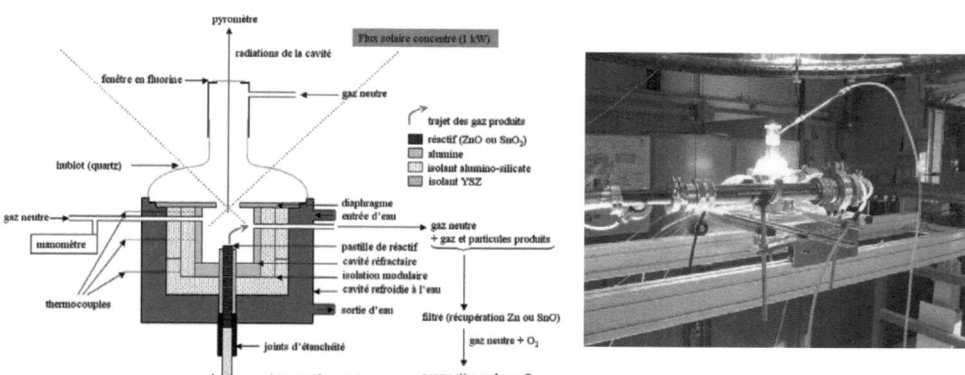

Figure 37 : Schéma de principe et photographie du réacteur lors d'un test sous rayonnement solaire concentré (filtre à particules au premier plan)

18 tests de dissociation de ZnO ou SnO$_2$ ont été effectués pour des pressions de 15-80 kPa et des débits de gaz neutre de 3-6 NL/min. L'équilibre thermique est atteint après environ 10 min, et la teneur de O$_2$ en sortie est corrélée à la dissociation (pics O$_2$ sur la figure 38 causés par une élévation de la colonne). Les dissociations thermiques démarrent vers 1673K pour une pression de 18 kPa à la fois pour ZnO et SnO$_2$ (Figs. 38-39) en raison d'apparitions conjointes d'O$_2$ et d'un dépôt sur le filtre. Des taux de récupération sur le filtre de 30±10% ont été obtenus, les limitations venant d'un dépôt inévitable par condensation de Zn$_{(g)}$ ou SnO$_{(g)}$ en sortie de réacteur. Des fractions molaires en espèces réduites supérieures à 70% (poudre sur le filtre) ont été obtenues pour des taux de dilution inférieurs à 100 et des pressions autour de 20 kPa. Jusqu'à 1 gramme de poudre a ainsi été récupéré sur le filtre en 30 min environ, ce qui a permis d'effectuer des mesures de surfaces spécifiques (BET) qui ont mis en évidence une mésoporosité. Des surfaces spécifiques de 19±1 m^2/g et 64±1 m^2/g ont été mesurées pour les poudres de Zn et SnO, respectivement.

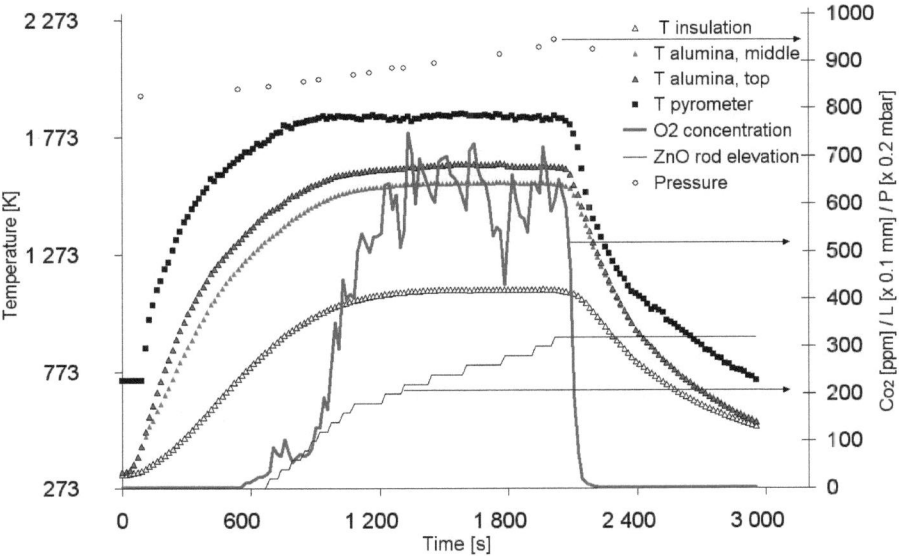

Figure 38 : Mesures des températures et de la concentration de O$_2$ en sortie de filtre pour un test de dissociation solaire de ZnO effectué sous une pression de 18 kPa et un débit d'azote de 4 NL/min pour une élévation progressive de la colonne de pastilles

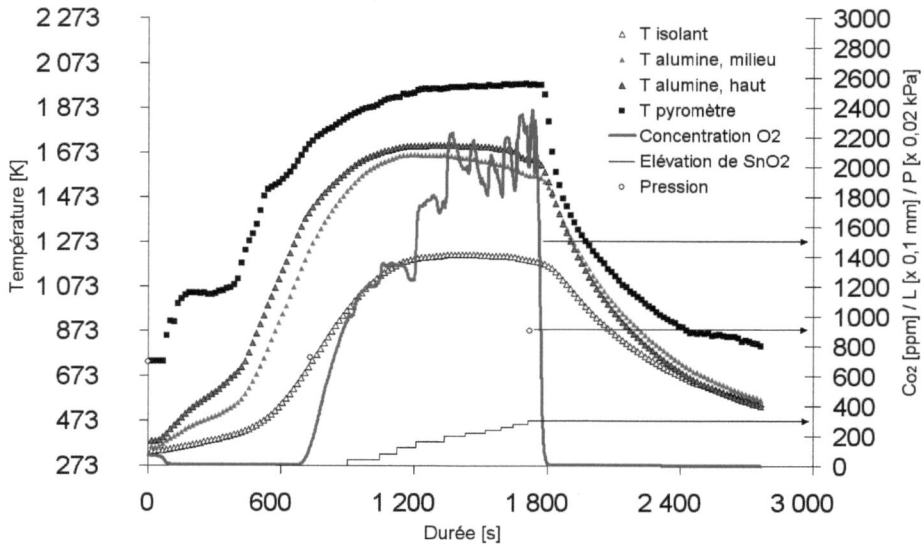

Figure 39 : Mesures pour un test de dissociation solaire de SnO$_2$, flux solaire concentré disponible au temps zéro et stoppé à 1750 s

L'intégration du débit molaire de O$_2$ en sortie et la connaissance de la quantité de réactif dissociée (pesée de la colonne de réactif avant/après) a également permis de déterminer l'efficacité chimique globale du réacteur (fraction molaire moyenne en espèces réduites des produits comprenant les dépôts sur les parois en sortie du réacteur plus la poudre sur le filtre), de l'ordre de 40% pour SnO. Ceci s'explique par la réoxydation quasi-totale des espèces réduites déposées dans le tube de sortie à proximité de la cavité, favorisée par la température élevée. L'efficacité énergétique (thermochimique) moyenne du réacteur (puissance pour chauffer puis dissocier le réactif divisée par la puissance fournie) est d'environ 2,5%, ce qui est inhérent aux faibles dimensions du réacteur associées aux très hautes températures. En effet, des simulations ont montré qu'une efficacité énergétique de 5% était le maximum pour un réacteur de 1 kW, mais que celle-ci augmentait rapidement avec la puissance/dimension du réacteur (20% à une échelle de 10 kW).

Etude cinétique :
La mesure en continu de la concentration de O$_2$ en sortie associée à la mesure de la température de surface du solide permet également d'estimer les paramètres cinétiques pour la dissociation de ZnO et SnO$_2$. En effet, une étude antérieure a montré que, dans le cas de ZnO, la cinétique de dissociation dépendait uniquement de la surface irradiée et de la relation d'Arrhenius. De plus, on peut supposer qu'en

début de réaction, la teneur en O_2 et le dépôt d'espèces réduites sur les parois sont suffisamment faibles pour négliger la réaction de recombinaison. Aussi, la teneur en O_2 en sortie est proportionnelle à la vitesse de dissociation, et une régression linéaire durant les premières minutes de réaction permet donc d'obtenir les énergies d'activation (Fig. 40). Dans le cas de la dissociation de ZnO, elle est estimée à 388 kJ/mol. Ceci est en adéquation avec les valeurs de la bibliographie [70] (361±53 kJ/mol) et valide la méthode. Par application dans le cas de SnO_2, l'énergie d'activation est supérieure à celle obtenue dans des études en thermobalance avec des poudres (environ 400 kJ/mol [63]) et cet écart peut s'expliquer par la mise en forme différente du réactif, comprimé dans le cas présent. En effet, la dissociation de SnO_2 sous forme compactée est entravée par des phénomènes diffusionnels depuis la surface des grains vers la surface de la pastille, qui se traduisent par une énergie d'activation apparente plus élevée.

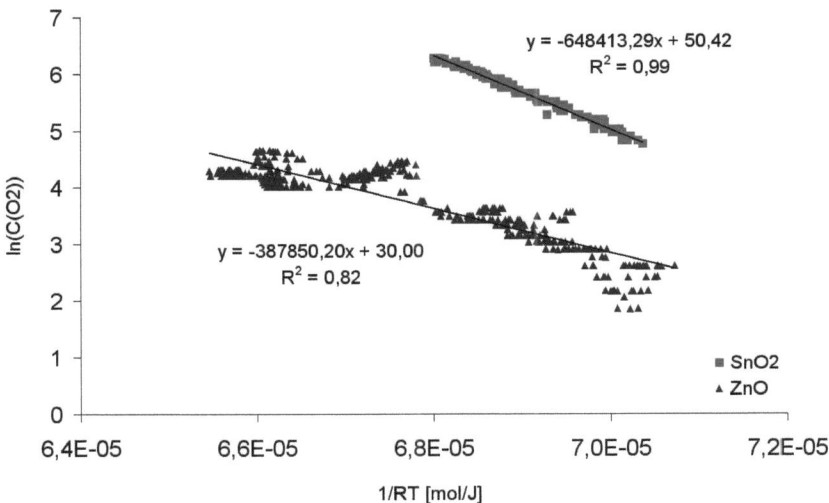

Figure 40 : Logarithmes de la concentration en O_2 en sortie de réacteur en fonction de 1/RT et régressions linéaires associées

L'objectif a ensuite été de développer une méthode inverse associant un modèle de réacteur (transferts thermiques en régime transitoire dans le solide compact couplés à la réaction chimique) et les données expérimentales (températures, teneur en O_2 en sortie de réacteur) mesurées en dynamique [75]. Cette méthode permet d'identifier les cinétiques de ces réactions solide/gaz à haute température afin de les comparer avec les cinétiques de dissociation déterminées en thermobalance. Des analyses thermogravimétriques ont permis d'étudier la cinétique de décomposition de ZnO,

SnO$_2$, et In$_2$O$_3$ en Zn, SnO, et In$_2$O, respectivement (Fig. 41). Les constantes cinétiques ont été déterminées sur la base de la loi d'Arrhénius, k=k$_0$.exp(-E$_a$/RT). Par exemple, la réaction de dissociation de SnO$_2$ présente un ordre 1 et, à pression atmosphérique, E$_a$ = 424 kJ/mol et k$_0$ = 1,4.10^8 s^{-1}. Une diminution de la pression ou une augmentation du débit gazeux accélère la cinétique de la réaction. En effet, k$_0$ = 7,31.10^8 s^{-1} à 0,1 bar et k$_0$ = 1,24.10^{10} s^{-1} à 0,01 bar.

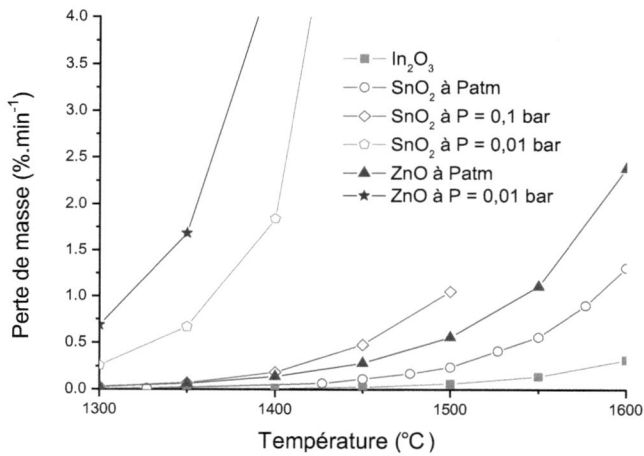

Figure 41 : Cinétiques de réduction de composés volatils en fonction de la température et de la pression (mesures obtenues en thermobalance)

Par ailleurs, un nouveau dispositif de thermobalance solaire (Fig. 42) a été conçu afin de caractériser les systèmes réactifs solide-gaz et d'étudier précisément les cinétiques des réactions à hautes température sous atmosphère contrôlée (pression réduite, atmosphère inerte) et sous irradiation solaire (suivi de la masse, de la température, et des espèces gazeuses avec des vitesses de chauffage représentatives) [76]. Ce dispositif peut être mis en œuvre pour l'étude de tous types de réactions solide-gaz à haute température (réactions de réduction thermique, calcination, gazéification de matières carbonées,...).

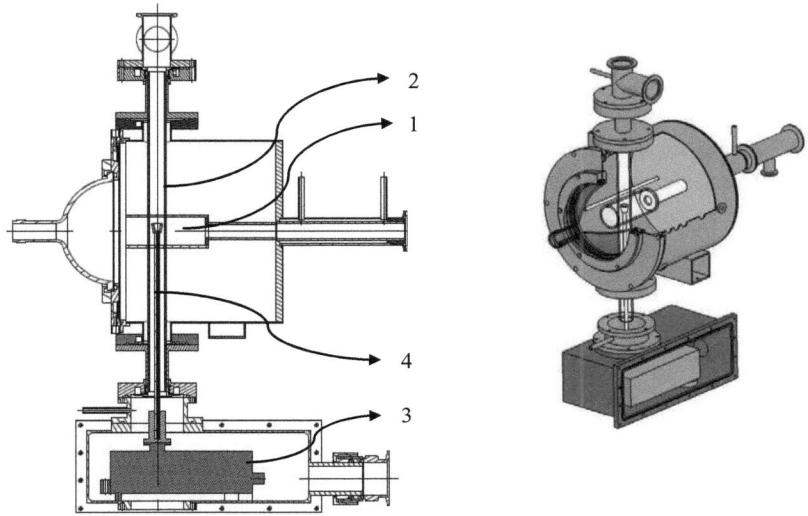

Figure 42 : Schéma de principe de la thermobalance solaire développée pour la caractérisation cinétique des réactions solide/gaz à haute température : (1) cavité réceptrice, (2) tube alumine ou graphite, (3) microbalance, (4) canne porte échantillon

Simulation du réacteur solaire à cavité fixe :

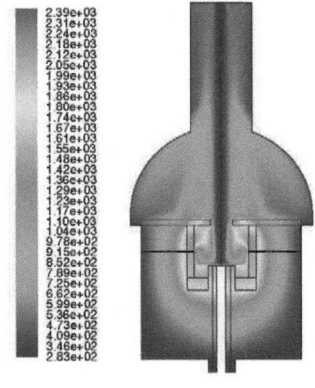

Des simulations numériques ont été effectuées au moyen du logiciel commercial ANSYS Fluent© afin de quantifier les pertes thermiques et les profils de températures au sein du réacteur. Les températures sont en accord avec les données expérimentales, soit voisines de 1900K pour les pièces en alumine, et environ 1200-1300K dans l'isolant à proximité (Fig. 43). La figure 43 montre également un chauffage non négligeable du gaz à l'intérieur de la cavité. Concernant les pertes thermiques, environ deux tiers des pertes sont de nature radiative, ce qui était attendu en raison des températures élevées de la cavité.

Figure 43 : Contour de température dans le réacteur pour un débit de N_2 de 4 NL/min (P = 20 kPa)

Une modélisation des transferts de chaleur (en particulier rayonnement provenant du concentrateur et transferts radiatifs dans la cavité simulés par méthode Monte-Carlo et lancé de rayons) couplés à la réaction chimique a été effectuée [77-78]. Cette méthode permet de prendre en compte le caractère directionnel du rayonnement incident provenant du concentrateur et de prévoir la distribution des flux radiatifs absorbés au niveau des parois dans la cavité. La réaction chimique de dissociation se produisant dans le solide a ensuite été intégrée au modèle (modèle radiatif utilisé comme conditions aux limites) [79]. L'objectif est d'identifier les paramètres cinétiques des réactions de dissociation de ZnO et SnO_2 par comparaison avec les résultats expérimentaux.

7. Réactions de production d'hydrogène (hydrolyses directes ou réactions avec hydroxydes)

7.1. Synthèse de l'hydrogène par réaction du sous-oxyde réduit avec l'eau

7.1.1. Etude thermogravimétrique de la réaction d'hydrolyse

Une analyse thermogravimétrique (ATG, Setaram Setsys Evolution) a été effectuée afin de caractériser la réactivité des poudres de Zn, SnO, et FeO solaires (rendements et cinétiques chimiques). Pour cela, une quantité donnée de Zn (environ 35 mg, 48±1 mass%), de SnO (environ 20 mg, 67±1 mass%) ou de FeO (environ 115 mg, 60±1 mass%) a été introduite dans un creuset en alumine (0,17 mL), puis soumise soit à des analyses thermiques isothermes, soit à des rampes de température en présence de H_2O dans une atmosphère d'argon (40 NmL/min). La vapeur d'eau est obtenue au moyen d'un générateur d'humidité (Wetsys) permettant de contrôler l'humidité relative (RH) du gaz vecteur. Le taux de conversion des particules est calculé à partir de la variation de masse de la poudre au cours du temps :

$$\alpha = \frac{(\Delta m/m_0)}{f_{mass} \cdot (\frac{M_{ox}}{M_{red}} - 1)} \quad (22)$$

où Δm est la variation de masse du solide (positive due à l'oxydation), m_0 la masse initiale, f_{mass} la fraction massique initiale d'espèce réduite, M_{ox} et M_{red} la masse molaire de l'espèce oxydée et réduite.

Concernant la réaction $SnO+H_2O$, un taux de conversion final voisin de 90% est mesuré avec une cinétique caractérisée par un régime réactionnel suivi d'un régime diffusionnel (Fig. 44a). Une dépendance importante par rapport à la teneur en $H_2O(g)$

est constatée, avec une vitesse initiale doublée lorsque la concentration est triplée (hydrolyses à 873K). La réactivité initiale est comparativement très élevée pour l'hydrolyse effectuée à 773K. A cette température, SnO doit essentiellement être l'espèce réagissant avec $H_2O_{(g)}$, tandis qu'à plus hautes températures, SnO doit être partiellement dismuté au temps d'injection ($2SnO \rightarrow Sn+SnO_2$). Or, les études avec une poudre de morphologie voisine ont montré que Sn réagissait moins rapidement que SnO [63]. Une régression linéaire dans le domaine 793-923K a permis d'estimer une énergie d'activation apparente de 51±7 kJ/mol. D'autre part, des caractérisations par spectroscopie Mössbauer sur les nanopoudres de SnO obtenues par voie solaire mettent en évidence la présence de composés intermédiaires instables (Sn_2O_3 ou Sn_3O_4), ce qui permet d'expliquer la réactivité élevée des poudres obtenues par voie solaire par rapport à un oxyde stanneux commercial [80].

Concernant le système $Zn+H_2O$, une réaction rapide et totale est observée dans l'intervalle de température 633-773K (Fig. 44b). Une dépendance importante par rapport à la teneur en $H_2O_{(g)}$ a de plus été constatée, avec une vitesse de conversion approximativement multipliée par 2,4 lorsque la teneur en $H_2O_{(g)}$ est triplée (expériences à 773K). Ainsi, ce paramètre a une influence plus importante sur la réactivité de Zn que la température.

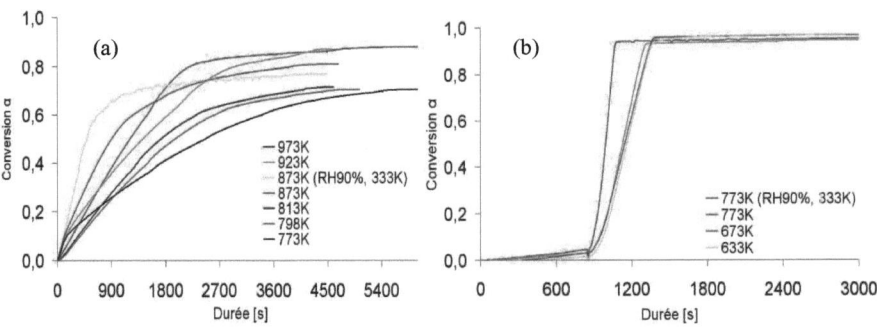

Figure 44 : Evolution de la conversion en fonction du temps pour (a) $SnO+H_2O$ et (b) $Zn+H_2O$ en conditions isothermes. Teneur en $H_2O_{(g)}$: 7,0±0,3% (RH 80%, 40°C) si non spécifié, 21±1% autrement.

Dans le cas de la réaction $FeO+H_2O$ (Fig. 45), la conversion finale augmente lorsque la température varie de 600 à 800°C. Cependant, la température n'affecte pas la cinétique durant la période initiale (premières 10 min) correspondant à la réaction de surface. Ensuite, une limitation diffusionnelle est observée et la conversion finale varie de 62% à 86% lorsque la température augmente de 600 à 800°C. La production maximale de H_2 est 89 NL/kg_{FeO} à 800°C après 95 min.

La cinétique initiale et le taux de conversion sont également plus élevés pour la poudre solaire ($Fe_{1-y}O$) que pour la poudre de FeO pur. La réactivité accrue de $Fe_{1-y}O$ peut être attribuée à la concentration élevée de défauts qui jouent le rôle de sites de nucléation durant la formation de Fe_3O_4. L'analyse DRX confirme la présence de différentes sous-stœchiométries dans la wüstite solaire (principalement $Fe_{0.957}O$ et $Fe_{0.909}O$), tandis que la wüstite commerciale correspond à FeO. Par conséquent, la formation d'une couche de Fe_3O_4 en surface dans le cas de FeO pur peut accélérer la transition vers le régime lent de contrôle par diffusion. Ce phénomène de passivation peut être atténué dans le cas de FeO solaire car la dispersion de nucléi doit favoriser la réaction dans le volume, permettant des conversions finales plus élevées que dans le cas de FeO pur.

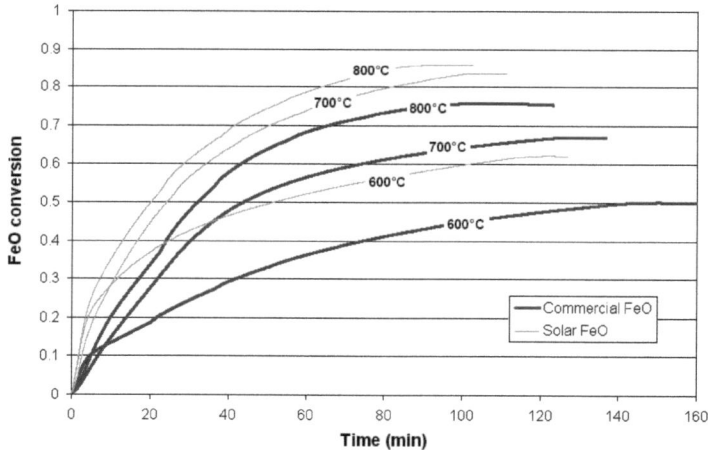

Figure 45 : Conversion de FeO en fonction du temps pendant la dissociation de H_2O (6,7% H_2O) à différentes températures (ATG isotherme) avec deux types de wüstite (30<d_p<80µm, FeO commercial et FeO solaire)

7.1.2. Etude expérimentale de la réaction d'hydrolyse en lit fixe

La réaction de réduction de H_2O (ou CO_2) par les espèces réduites produisant H_2 (ou CO) a également été étudiée à l'aide d'un dispositif (Fig. 46) comprenant un lit fixe de particules réactives (0,1 g) traversé par un courant gazeux inerte (Ar : 0,2 NL/min) contenant H_2O (ou CO_2) à des teneurs variables. Le réacteur est chauffé par un four tubulaire et les expériences sont effectuées en conditions isothermes (injection de H_2O ou CO_2 à température donnée) ou en dynamique (injection de H_2O ou CO_2 au cours d'une rampe de chauffe entre 10 et 20°C/min). La vapeur d'eau (teneur variant dans la gamme 25-60%) est produite dans un premier four placé en amont dans lequel de l'eau est injectée à l'aide d'une pompe péristaltique. Le gaz de sortie du réacteur est refroidi, et la vapeur d'eau en excès est éliminée. Le gaz est ensuite analysé en continu en fonction du temps à l'aide d'analyseurs spécifiques : H_2 par mesure de la différence de conductivité thermique entre le gaz à analyser et le gaz de référence, argon (catharomètre ARELCO Catarc 10P, limite de détection : 100 ppm ; précision : 1% p.e.) et CO/CO_2 par absorption dans l'infrarouge non dispersif (MGA3000, pleine échelle : 0-100% CO_2, 0-30% CO, répétabilité ±1% p.e.). La quantité de H_2 ou CO produite est déterminée par intégration de la courbe de production ($F_{H2/CO}$: débit molaire de H_2 ou CO produit [mol/s]). La conversion du solide α est ensuite calculée sur la base de ces données relatives à l'analyse des gaz produits plutôt que sur la variation de masse dans le cas de l'ATG.

$$\alpha(t) = \int_0^t F_{H2/CO} dt \Big/ (m_0 . f_{mass} / M_{red}) \tag{23}$$

Les cinétiques de production de H_2 ou CO à partir de matériaux synthétisés par voie solaire sont déterminées en fonction de la température (à pression atmosphérique).

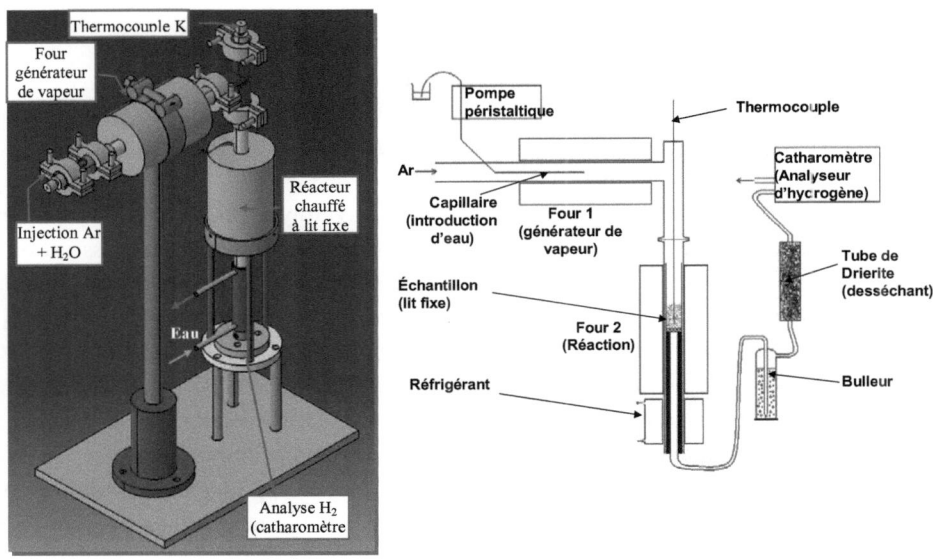

Figure 46 : Dispositif expérimental à lit fixe pour la dissociation de H_2O et CO_2

Les résultats présentés concernent les réactions de production d'hydrogène par hydrolyse de nanoparticules de Zn et SnO, mais aussi de particules de FeO (wüstite) et Ce_2O_3, qui ont été étudiées en détail en fonction des conditions opératoires.

Cas de l'hydrolyse de nanoparticules de SnO et Zn synthétisées par voie solaire :

Concernant la dissociation de H_2O, des hydrolyses isothermes ont été effectuées dans les gammes de températures 773-853K (SnO) et 683-803K (Zn). Comme attendu, H_2 est émis suite à l'injection de $H_2O_{(g)}$, et le débit maximum de H_2 augmente avec la température (Fig. 47). Des conversions finales supérieures à 80% ont été mesurées pour SnO avec des températures de réaction sensiblement supérieures par rapport au zinc. La cinétique d'hydrolyse pourra être optimisée en utilisant des réacteurs solide-gaz adéquats : lit mobile, aérosol de particules entraîné par la vapeur d'eau.

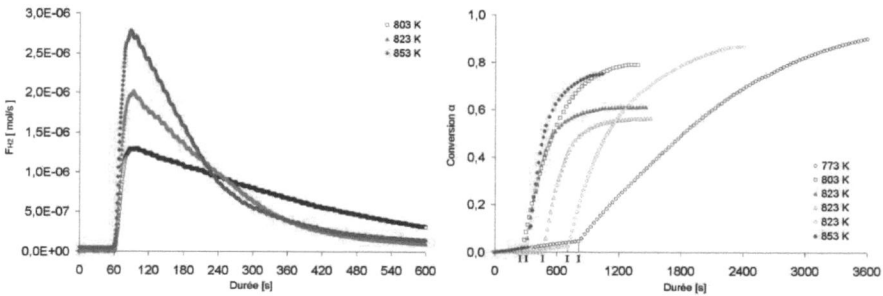

Figure 47 : Hydrolyses isothermes de SnO, évolution du débit de H_2 et de la conversion

Dans le cas de Zn, la réaction débute à 573K et l'hydrolyse des particules est totale en lit fixe, ce qui signifie une absence de formation d'une couche de passivation en surface. Une élévation de température (limitée à 5K) a été observée durant le régime réactionnel, qui s'explique par les vitesses de réaction élevées couplées à l'exothermicité de la réaction (-110 kJ/mol pour Zn et -49 kJ/mol pour SnO à 500°C). Les cinétiques de production d'hydrogène à partir de Zn et SnO ont été déterminées en fonction de la température d'hydrolyse [81]. Des expériences spécifiques en conditions isothermes ou avec des rampes de température contrôlées ont été effectuées afin d'identifier les paramètres cinétiques en appliquant un modèle de type empirique ($d\alpha/dt = k.(1-\alpha)^n$ avec α taux de conversion), une méthode iso-conversion, et un modèle à cœur rétrécissant.

Cas de l'hydrolyse de la Wüstite (FeO) et de Ce_2O_3 :

Dans le cas des systèmes non volatils, les espèces réduites ($Fe_{1-\delta}O$, $CeO_{2-\delta}$) synthétisées par voie solaire sont obtenues après fusion du matériau. Par conséquent, une étape de broyage est nécessaire pour obtenir une poudre de granulométrie contrôlée utilisable dans l'étude de la réaction d'hydrolyse.

Pour chaque expérience impliquant FeO, un pic de production d'hydrogène est détecté peu après l'introduction de l'eau suivi d'une baisse progressive de la quantité produite. La quantité importante d'hydrogène formée en début d'expérience correspond à une réaction de la surface des particules. Ensuite, un régime diffusionnel s'instaure à cause de la couche de magnétite se formant en surface.

L'influence de la température, de la taille des particules, et de la stœchiométrie de l'oxyde ($Fe_{1-y}O$) sur la production d'hydrogène a été étudiée. Pour une taille de particule donnée, le rendement final augmente avec la température, comme observé dans l'étude thermogravimétrique. La cinétique initiale augmente lorsque la taille des particules diminue en raison d'une surface d'échange plus importante. Le rendement final de la réaction augmente également avec des particules plus fines (35% pour d_p=125-200 µm et 75% pour d_p=30-80 µm à 575°C). La formation d'une couche d'oxyde (magnétite) à la surface ralentit la réaction. Enfin, la réactivité de la wüstite préparée par voie solaire ($Fe_{1-y}O$) a été comparée à celle de la wüstite pure commerciale (stœchiométrique). La cinétique initiale est plus rapide pour des composés sous-stœchiométriques ($Fe_{0,95}O$) obtenus par voie solaire (Fig. 48), et la conversion finale est supérieure à 80% [82].

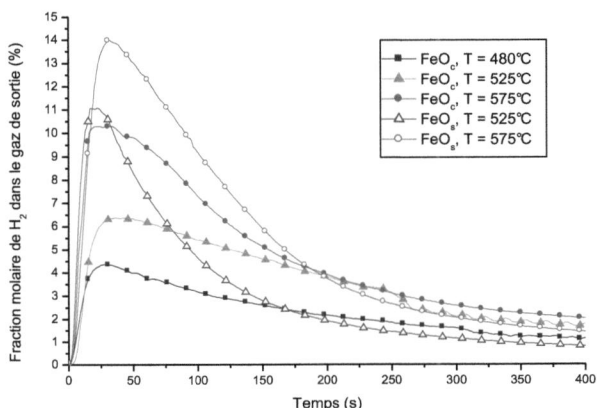

Figure 48 : Cinétiques de production d'hydrogène à différentes températures au cours de l'hydrolyse de FeO (d_p = 30-50 µm, FeO_s : wüstite solaire, FeO_c : wüstite commerciale)

Dans le cas de l'oxyde de cérium réduit par fusion à plus de 2000°C, la réaction $CeO_{2-x} + xH_2O \rightarrow CeO_2 + xH_2$ a été étudiée dans le réacteur à lit fixe (Fig. 46) pour des températures comprises entre 400°C et 600°C (à pression atmosphérique). La cinétique de dissociation de l'eau par le sous-oxyde est très rapide, et la réaction est totale après seulement 3 minutes de réaction à 525°C (Fig. 49). En fin de réaction, le matériau a totalement réagi (confirmé par DRX) et s'est ré-oxydé en CeO_2 qui peut être recyclé dans l'étape haute température [61].

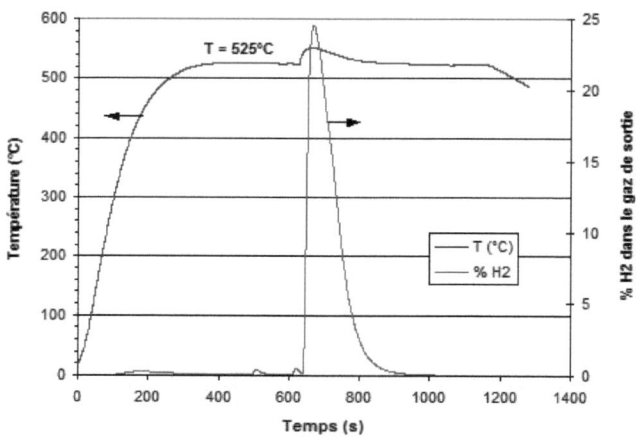

Figure 49 : Cinétique de production de H_2 au cours de l'hydrolyse de Ce_2O_3 (d_p = 100-300 µm)

En conclusion, différents matériaux ont été activés thermiquement par voie solaire puis la réaction d'hydrolyse a été étudiée en détail. L'hydrogène produit est pur (dilué dans le gaz porteur inerte) et le gaz ne contient pas en particulier d'oxydes de carbone (CO est un poison pour les catalyseurs des piles à combustible PEMFC). Comme le sous-oxyde réduit (par exemple, CeO_{2-x} ou SnO) est un matériau transportable et stable à l'air à température ambiante, les 2 étapes du cycle peuvent être réalisées sur des sites différents. De plus, la possibilité de concevoir des mini-générateurs d'hydrogène (pour une application stationnaire ou portable par exemple) par réaction d'un oxyde réduit avec H_2O à température modérée permet de résoudre les problèmes de sécurité associés au stockage de l'hydrogène (dans ce cas, l'oxyde est transporté et non H_2).

7.2. Cycles hydroxydes à 3 étapes : étude de la réactivité des oxydes avec NaOH

Des cycles à 3 étapes impliquant des hydroxydes alcalins ont été conçus et les rendements et cinétiques chimiques évalués en fonction des conditions opératoires [83-84]. Ces cycles s'écrivent :

$MO_{ox} \rightarrow MO_{red} + \frac{1}{2} O_2$ (réduction haute température)
$MO_{red} + 2 M'OH \rightarrow M'_2O.MO_{ox} + H_2$
$M'_2O.MO_{ox} + H_2O \rightarrow MO_{ox} + 2 M'OH$
Avec M = Mn, Co, Fe, Ce-Ti et M' = Na, K, Li

Ces cycles sont envisagés lorsque l'oxydation directe avec l'eau du composé réduit n'est pas favorable thermodynamiquement. Par exemple, l'oxydation de MnO et Fe_3O_4 avec l'hydroxyde de sodium générant H_2 est possible pour des températures inférieures à 700°C (Fig. 50), alors que l'hydrolyse directe de ces composés ne produit pas d'hydrogène.

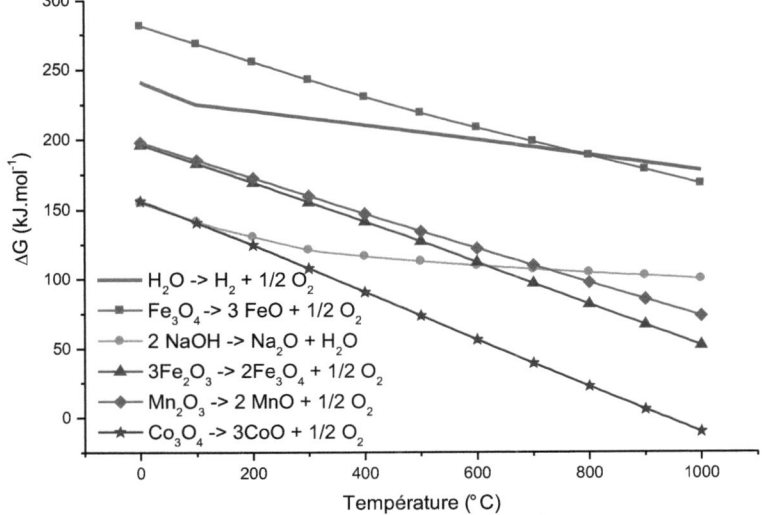

Figure 50 : Variation de l'enthalpie libre de Gibbs pour différentes réactions de réduction

Un montage spécifique a été mis au point pour tester les réactions faisant intervenir une base forte (NaOH ou KOH) à une température d'environ 600°C d'après l'étude thermodynamique. Les particules d'oxyde métallique réduit sont placées dans un tube en inconel contenant un bain de soude fondue (ou d'hydroxyde de potassium). Ce tube en inconel est adapté à un circuit de gaz alimenté en argon qui permet d'entraîner l'hydrogène produit (Fig. 51). La fraction molaire d'hydrogène en sortie est mesurée en continu à l'aide d'un analyseur H_2 (catharomètre).

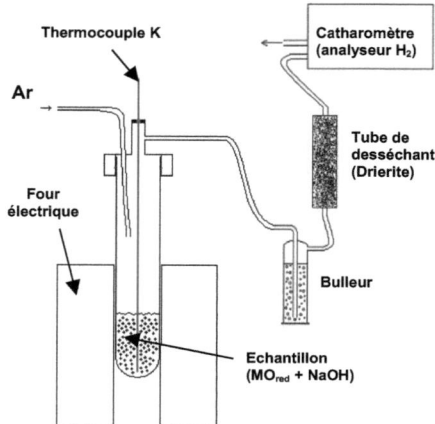

Figure 51 : Dispositif expérimental de production de H_2 par réaction de particules d'oxyde avec NaOH

La wüstite (FeO), la magnétite (Fe_3O_4), et les oxydes mixtes de cérium-titane ($Ce_2Ti_2O_7$) et cérium-silicium ($Ce_2Si_2O_7$) de type pyrochlores permettent de produire de l'hydrogène par réaction avec NaOH et KOH. En revanche, il n'y a aucune production d'hydrogène avec les oxydes de cobalt et de manganèse (cycles Co_3O_4/CoO et Mn_2O_3/MnO), et d'après [49], la réaction MnO-NaOH nécessite un vide poussé pour être totale à 750°C).
- Dans le cas de FeO (cycle Fe_3O_4/FeO) [83], la réaction se produit dans le domaine 250-400°C (dès que le point de fusion de NaOH est atteint) et l'influence de la taille des particules est très importante comme dans le cas de l'hydrolyse directe de FeO. Le rendement chimique de la réaction liquide-solide (2 FeO + 2 NaOH → 2 $NaFeO_2$ + H_2) augmente fortement lorsque la taille des particules diminue (augmentation de la surface spécifique de l'échantillon). Un broyage mécanique des particules est donc nécessaire afin d'augmenter l'avancement de la réaction qui est supérieur à 60% pour des particules inférieures à 30 µm.

- Dans le cas de Fe_3O_4 (cycle Fe_2O_3/Fe_3O_4) [83], la réaction d'hydrolyse directe n'est pas possible d'après la thermodynamique, donc le cycle Fe_2O_3/Fe_3O_4 ne peut pas être envisagé en 2 étapes.
Le cycle sodium-magnétite (Fe_2O_3/Fe_3O_4) à 3 étapes s'écrit:

$3\ Fe_2O_3 \rightarrow 2\ Fe_3O_4 + \frac{1}{2}\ O_2$ (T = 1300°C sous air)
$2\ Fe_3O_4 + 6\ NaOH \rightarrow 3\ Na_2O.Fe_2O_3 + 2\ H_2O + H_2$ (T = 400°C)
$3\ Na_2O.Fe_2O_3 + 3\ H_2O \rightarrow Fe_2O_3 + 6\ NaOH$ (T = 100°C)

La réaction de Fe_3O_4 (magnétite) avec NaOH et KOH produit de l'hydrogène avec un rendement final supérieur à respectivement 70% et 95% après 7 minutes à 400°C (Fig. 52), et le rendement ne dépend pas de la taille des particules. Une troisième réaction d'hydrolyse totale à 100°C permet de régénérer les réactifs initiaux. L'avantage principal du cycle Fe_2O_3/Fe_3O_4 réside également dans l'étape de réduction de Fe_2O_3 en Fe_3O_4 par voie solaire qui se produit dès 1300°C sous air en phase solide. Les avantages de ce cycle sont donc les cinétiques rapides, les conversions chimiques élevées, une étape de broyage évitée, et une faible température de réduction (1300°C sous air pour Fe_3O_4 au lieu de 1600°C sous atmosphère inerte pour FeO).

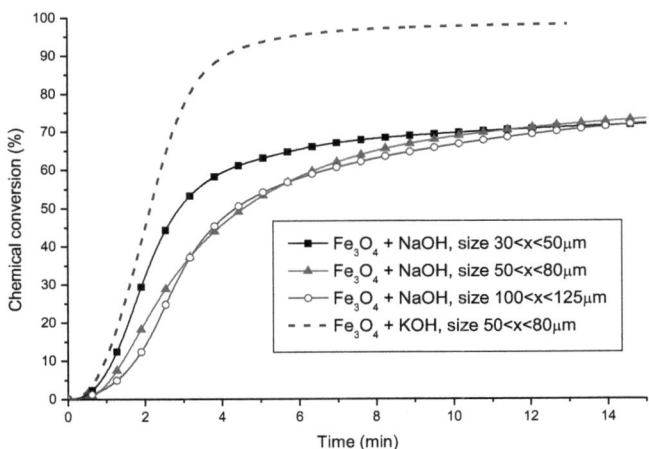

Figure 52 : Evolution de la conversion pour la réaction d'activation de Fe_3O_4 avec NaOH et KOH

- Des cycles à 3 étapes basés sur des oxydes mixtes ont également été démontrés [84-85]. Par exemple, dans le cas du cérium-titane, les réactions (validées expérimentalement) s'écrivent :
$2CeO_2 + 2TiO_2 \rightarrow Ce_2O_3\text{-}2TiO_2 + \frac{1}{2}O_2$ (T = 1500°C sous air)
$Ce_2O_3\text{-}2TiO_2 + 2NaOH \rightarrow 2CeO_2 + Na_2O.2TiO_2 + H_2$ (T = 600°C)
$Na_2O.2TiO_2 + H_2O \rightarrow 2TiO_2 + 2NaOH$ (T = 100°C)

La synthèse d'oxydes mixtes de Ce(III) ($Ce_2Ti_2O_7$, $Ce_2Si_2O_7$, $CeFeO_3$, $CeVO_4$, $CeNbO_4$) a été effectuée dans un réacteur solaire en dessous de 1500°C. Par exemple, dans le cas de la réduction d'un mélange CeO_2-TiO_2, l'oxyde mixte pur de stœchiométrie $Ce_2Ti_2O_7$ (correspondant à $Ce_2O_3.2TiO_2$) est obtenu sous air. Les réactions de réduction ont également été étudiées en thermobalance afin de déterminer les températures et les cinétiques de réduction.

La réaction de production d'hydrogène ($Ce_2Ti_2O_7$ + 2 NaOH → 2 CeO_2 + $Na_2O.2TiO_2$ + H_2) se produit avec une cinétique acceptable et l'échantillon doit être maintenu au-dessus de 600°C pendant 10 à 15 minutes pour obtenir 80% de conversion. La taille des particules (dans le domaine 30-125 µm) n'a pas d'influence significative sur le rendement de la réaction.

La réaction d'activation avec NaOH ou KOH produit jusqu'à 1,94 $mmol_{H2}/g$ dans le domaine 500-600°C et une cinétique de réaction très rapide a été observée avec le composé $Ce_2Si_2O_7$, ce qui permet d'atteindre un rendement en H_2 de 80% après 3 min de réaction à 530°C.

8. Analyse des procédés de production d'hydrogène par cycles thermochimiques

8.1. Modélisation dynamique du réacteur solaire

La modélisation dynamique des réacteurs solaires permet de simuler les effets instationnaires (démarrage, arrêt, source variable dans le temps) sur le comportement dynamique de l'installation. Cette approche globale consiste à résoudre les bilans de matière (écrits pour chaque constituant i), d'énergie interne, et d'entropie en régime transitoire. Le modèle dynamique développé est basé sur un réacteur ouvert parfaitement agité avec injection continue d'oxyde métallique et sortie des produits gazeux.

$$\frac{dN_i}{dt}=F_{iE}-F_{iS}+r_i \tag{24}$$

$$\frac{dU}{dt}=\sum_j Q_j+\sum_i F_{iE}h_{iE}-\sum_i F_{iS}h_{iS} \tag{25}$$

$$\frac{dS}{dt}=\sum_j \frac{Q_j}{T_j}+\sum_i F_{iE}s_{iE}-\sum_i F_{iS}s_{iS}+\sigma_i \tag{26}$$

(avec N_i : nombre de mole de l'espèce i, F_{iE}, F_{iS} : débits entrants et sortants, $r_i = v_i.r$: vitesse de la réaction, Q_j : flux de chaleur entrant et sortant, h_i et s_i : enthalpie et entropie du constituant i)

La résolution du système d'équations différentielles permet de calculer l'évolution temporelle de la température et de la quantité des espèces dans le réacteur. Cette approche permet par exemple de calculer le temps de chauffe du réacteur et de mesurer les effets transitoires (variation du flux solaire incident, du débit d'injection d'un constituant,...).

La simulation de la production journalière de Zn a ainsi pu être effectuée pour un réacteur de 50 MW à partir de données météorologiques réelles (Fig. 53). La productivité pour une année type peut ensuite être établie (exemple pour 2003 : production de 13200 tonnes de Zn pouvant potentiellement produire 404 tonnes H_2) [86].

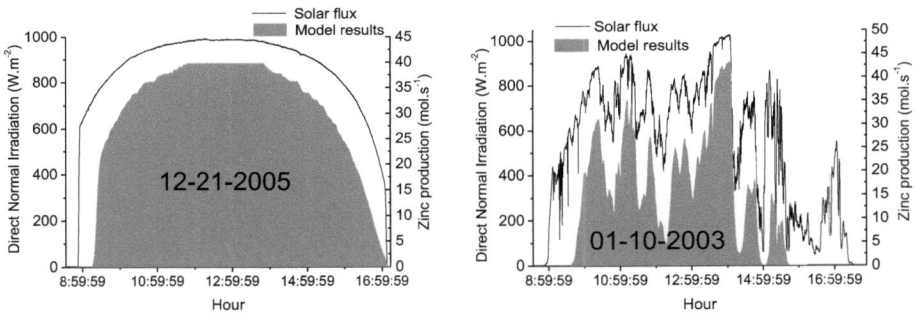

Figure 53 : Simulation de la production de Zn pour 2 journées typiques

8.2. Intégration des cycles à l'échelle d'un procédé - Evaluation technico-économique

La finalité du développement de cycles thermochimiques est de mettre en place des unités de production enchaînant toutes les étapes et intégrant chacune des opérations unitaires de transformation dans un procédé global. Les flowsheets simplifiés correspondants ont été établis comme dans le cas du procédé SnO_2/SnO (Fig. 54). Le procédé de production d'hydrogène à partir du cycle SnO_2/SnO a fait l'objet d'un dépôt de brevet CNRS/CEA (2007).

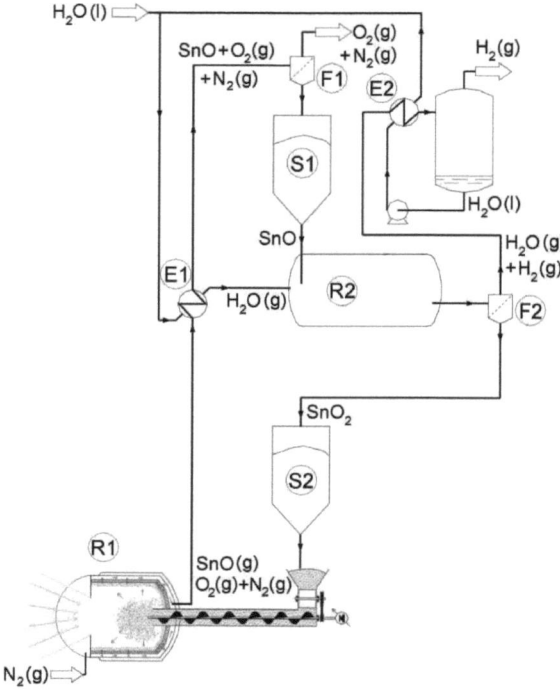

Figure 54 : Schéma du procédé solaire de production d'hydrogène à partir du cycle SnO$_2$/SnO [62]

Les rendements globaux de conversion énergie solaire-hydrogène à l'échelle du procédé ont été estimés en tenant compte de l'ensemble des sous-systèmes (concentrateur / récepteur-réacteur de réduction / réacteur d'hydrolyse / récupérations de chaleur).

Les rendements énergétiques réels des cycles ZnO/Zn, Fe$_3$O$_4$/FeO et Fe$_2$O$_3$/Fe$_3$O$_4$ ont été déterminés à partir des bilans de matière et d'énergie effectués sur des schémas de procédés et prenant en compte les conversions chimiques réelles. Les optimisations possibles ont ensuite été incluses comme des rendements chimiques améliorés (optimisation de la trempe dans le cas de ZnO/Zn) et des récupérations de chaleur (chaleur sensible des produits issus de l'étape solaire). Ainsi, le rendement du cycle ZnO/Zn (Eq. 27) augmente de 25,2% à 42,9% après optimisation.

$$\eta_{cycle} = \frac{F_{H2} \cdot HHV_{H2}}{Q_{chemical}} \qquad (27)$$

$Q_{chemical}$ représente la puissance totale fournie aux réactifs pour effectuer les réactions du cycle et HHV_{H2} = 286 kJ/mol.

L'énergie solaire totale nécessaire pour produire une quantité donnée d'hydrogène F_{H2} (mol/s) est donnée par :

$$Q_{solar} = \frac{F_{H2} \cdot HHV_{H2}}{\eta_{sun\,to\,reactor} \cdot \eta_{reactor} \cdot \eta_{cycle}} = A_{mirrors} \cdot DNI \quad (28)$$

Ainsi, la surface totale de miroirs nécessaire ($A_{mirrors}$) peut être déduite connaissant le DNI (1 kW/m^2).

$\eta_{sun\,to\,reactor}$ est le rendement du système à concentration qui prend en compte les pertes au niveau du champ d'héliostats (20%) et au niveau du récepteur solaire (défauts de concentration à l'entrée du récepteur et réflexions/absorption sur la fenêtre optique), $\eta_{reactor}$ est le rendement thermochimique du réacteur (fraction d'énergie absorbée convertie en énergie chimique). Le produit des 3 rendements définis précédemment correspond au rendement global (η_{global}) de conversion énergie solaire/hydrogène. Il est estimé à 17,4%, 18,6% et 20,8% pour les cycles Fe_3O_4/FeO, Fe_2O_3/Fe_3O_4 et ZnO/Zn, respectivement.

Une évaluation technico-économique des procédés a été proposée en fonction de la puissance globale de l'installation solaire (10-100 MW$_{th}$) correspondant à des productions d'hydrogène de l'ordre de 50 à 250 kg.h^{-1}. Le coût de production de H_2 à partir du cycle ZnO/Zn est estimé à 7,98 \$/kg et 14,75 \$/kg pour une centrale à tour de respectivement 55 MW$_{th}$ (250 kg/h H_2) et 11 MW$_{th}$ (50 kg/h H_2) et une durée d'exploitation de 40 ans [64].

9. Cycles aux oxydes mixtes à 2 étapes

Une étude sur des cycles aux oxydes mixtes à base de cérium pour la production d'hydrogène en 2 étapes a été réalisée [87]. Ces composés ont été sélectionnés en raison de leurs propriétés redox en phase solide intéressantes (stockage et mobilité de l'oxygène dans la structure cristalline) et de leur meilleure stabilité thermique par rapport aux ferrites. En effet, des travaux préliminaires effectués sur les systèmes ferrites ($M_xFe_{3-x}O_4$) ont montré une bonne réactivité lors de la production de H_2, en particulier $NiFe_2O_4$, mais une désactivation du matériau associée au frittage a été observée au cours des cycles.

Le développement de ces systèmes implique de mettre au point des méthodes de synthèse d'oxydes mixtes, de caractériser leur réactivité (étapes de réduction et d'hydrolyse), d'intégrer ces systèmes redox sur/dans des supports céramiques stables et poreux, et de concevoir des réacteurs solaires performants.

Des synthèses d'oxydes mixtes à base de cérium ont été réalisées car cette famille de cycles présente des potentialités d'innovations intéressantes. En effet, les oxydes mixtes sont envisagés car la température maximale de réduction (dégagement O_2) peut être inférieure à 1400°C. Les solutions envisagées pour abaisser la température de réduction de la cérine sont : 1) la synthèse de cérine sous forme de poudre nanométrique, afin d'augmenter la surface spécifique des grains d'oxydes et de favoriser la réduction de surface, et 2) le dopage de la cérine par un élément cationique de moindre ou d'égale valence que le cérium. Ce dopage a pour but de créer des lacunes d'oxygène et/ou de déformer la structure cristalline du composé afin de faciliter la diffusion volumique des ions O^{2-} lors du processus de réduction en volume.

Les différentes méthodes de synthèses par chimie douce envisagées doivent permettre d'élaborer des matériaux nanophasés possédant une microstructure qui limite le frittage lors de l'étape de réduction, et faciliter l'élaboration de sols ou suspensions pour l'imprégnation de monolithes poreux. En effet, comme l'objectif est d'utiliser l'énergie solaire concentrée comme source d'énergie pour les réactions à haute température, l'utilisation de supports céramiques poreux permet également de faciliter l'absorption volumique du rayonnement solaire (concept de récepteur volumétrique). Afin de répondre à ces critères, les synthèses ont été réalisées avec les méthodes « Pechini modifiée HMTA », « Pechini modifiée éthylène glycol (EG) », complexation des citrates, coprécipitation des hydroxydes avec ou sans ajout de surfactant, la synthèse hydrothermale et, lorsque la nature du dopant le permet, synthèse sol-gel voie alcoxydes.

Différentes compositions d'oxydes mixtes à base de cérine dopée (du type $M_xCe_{1-x}O_2$) ont été élaborées afin d'étudier leur réactivité en fonction de la nature et de la proportion de l'additif M dans le composé, et de la présence d'un catalyseur de type métal précieux (Rh) supporté sur la cérine. D'autre part, afin de faciliter les échanges d'oxygène dans les nanoparticules de cérine et d'augmenter la réactivité de ces oxydes mixtes, des lacunes peuvent être introduites en dopant la solution solide avec des lanthanides trivalents (Y, Gd, Sm ou La). Enfin, en vue d'améliorer les échanges solide-gaz, les matériaux peuvent être imprégnés sous forme de couches déposées dans des structures poreuses en céramique jouant le rôle de récepteur solaire.

9.1. Caractérisations des matériaux

La détermination de la structure cristallographique des poudres après différents traitements thermiques a été réalisée par DRX à l'aide d'un diffractomètre Philips

PW 1820 (20-75° 2θ, pas 0,02° 2θ, temps 2s). La source de rayons X utilisée est un tube de cuivre fournissant un rayonnement CuKα dont la longueur d'onde est de 0,154 nm. En utilisant la larguer à mi-hauteur des pics de diffraction les plus intenses (raie (111) pour la cérine), la taille moyenne apparente des cristallites est estimée en appliquant la formule de Scherrer.

La microstructure des poudres a été observée grâce à un microscope électronique à balayage (Hitachi S4500). La réduction du cérium a été étudiée par spectroscopie Raman à température ambiante (spectromètre Jobin–Yvon Labram 1B utilisant un laser He-Ne ayant une longueur d'onde de 632,8 nm). Les surfaces spécifiques des poudres ont été déterminées par adsorption-désorption de N_2, après dégazage à 300°C, sur un appareillage Micromeritics ASAP 2000. Des techniques spécifiques comme la mesure de la capacité de stockage de l'oxygène (OSC) et la technique d'échange isotopique $^{18}O/^{16}O$ ont été mises en œuvre pour comprendre les phénomènes de mobilité de l'oxygène dans les solides.

9.2. Etude des étapes de réduction et de génération d'hydrogène

L'étude expérimentale des systèmes réactifs permet de déterminer les quantités de O_2 et de H_2 émises à chaque cycle pour les réactions mettant en oeuvre les oxydes mixtes synthétisés. La réactivité des oxydes a été étudiée par analyse thermogravimétrique (ATG, Setaram Setsys Evolution). Concernant la réaction de réduction (activation), l'ATG est utilisée pour quantifier la perte d'oxygène en fonction de la température sous atmosphère inerte d'argon. Concernant la réaction de dissociation, des essais sous atmosphère oxydante contenant la vapeur d'eau sont réalisés afin de mesurer la prise de masse du composé lors de son oxydation.

Sachant que la désactivation de l'oxyde mixte est possible, l'évolution de sa réactivité est étudiée sur plusieurs cycles successifs. Pour cela, les quantités de O_2 et H_2 émises sont mesurées à chaque étape. Le rapport H_2/O_2 (idéalement égal à 2) doit être constant au fil des cycles signifiant que les propriétés de l'oxyde mixte ne varient pas. Des exemples de résultats relatifs à la dissociation de H_2O sont présentés ci-après.

Le taux de réduction ($X_{red} = Ce^{3+}/(Ce^{3+}+Ce^{4+})$) correspond au rapport molaire entre la quantité de O_2 produite (n_{O2}) et la quantité théorique de O_2 produite pour une réaction totale. Le rendement d'hydrolyse ($\alpha = n_{H2}/2.n_{O2}$) est défini par le rapport entre la quantité de H_2 produite (n_{H2}) et la quantité maximale pouvant être produite qui est directement liée à la quantité de O_2 émise lors de l'étape de réduction précédente.

Influence de la quantité de zirconium :
Différentes compositions du type $Zr_xCe_{1-x}O_2$ ont été réalisées avec x% de Zr en substitution de Ce. La caractérisation par DRX montre que le matériau est cristallisé

avec la structure fluorite (JCPDF 81-0792, Fig. 55). Une solution solide est formée et on constate un décalage du pic principal de la cérine vers les grands angles qui résulte de la substitution de Ce^{4+} (0,097 nm) par Zr^{4+} de plus faible rayon ionique (0,084 nm) lors de la formation de la solution solide. Le paramètre de maille calculé à partir du pic (111) confirme que le zirconium est inséré dans la structure cubique en raison d'une contraction du réseau comparé à CeO_2 (a = 5.412 Å – JCPDF 81-0792) avec a = 5.407 Å, 5.381 Å, et 5.291 Å pour 10%-Zr, 25%-Zr, et 50%-Zr, respectivement. L'analyse micro-structurale montre que les poudres synthétisées sont composées de grains d'oxyde de taille nanométrique (taille des cristallites inférieure à 60 nm).

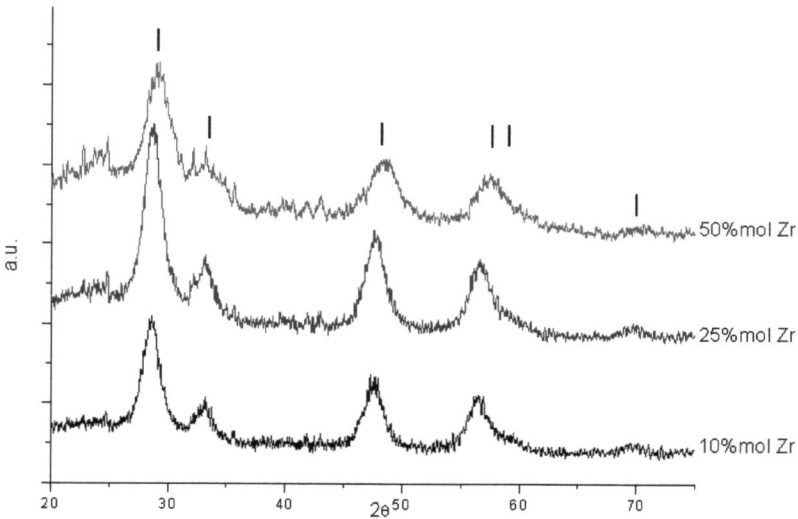

Figure 55 : Diffractogrammes de $Zr_xCe_{1-x}O_2$ synthétisé par coprécipitation des hydroxydes

L'influence de la teneur en Zr sur le taux de réduction de la cérine a été étudiée pour une température de 1500°C sous N_2 dans le cas des solutions solides cérine-zircone $Ce_{1-x}Zr_xO_2$ (avec x = 0, 0.125, 0.25, 0.375, 0.5). La température du début de la réduction diminue de 1150°C pour x = 0 à 900°C pour x = 0.5. De plus, la perte de masse augmente de 0.4% à 1.9% lorsque la proportion de Zr augmente de 0 à 0.5 (Fig. 56). Le rendement de réduction atteint 70% pour x = 0.5.

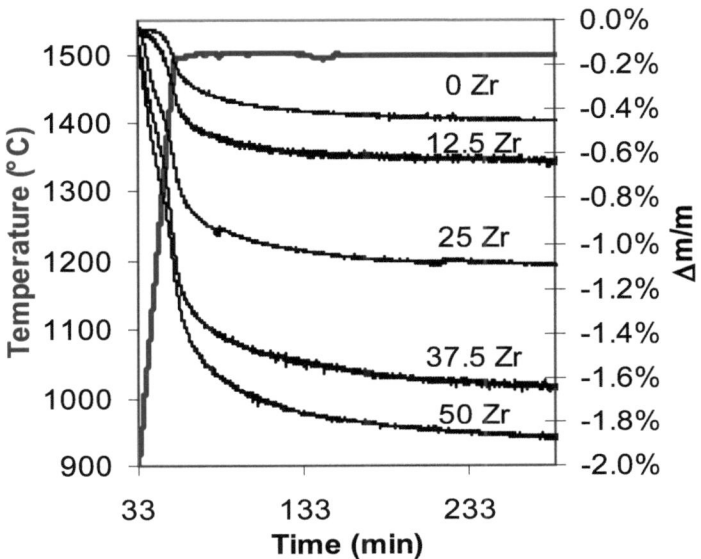

Figure 56 : ATG de $Ce_{1-x}Zr_xO_2$ sous N_2 pour différents pourcentages de Zr

Les trois compositions avec 10, 25, et 50% de Zr ont été testées par analyse thermogravimétrique pour étudier leur réactivité (réduction et hydrolyse). La poudre est placée dans un creuset en platine (masse analysée d'environ 150 mg) puis soumise à un programme de température. Durant un cycle complet, la poudre est chauffée à 1400°C (palier à 1400°C de 45 min) avec une vitesse de chauffe de 20°C/min, puis la température est portée à 1050°C pour une injection de vapeur d'eau programmée pendant 35 minutes (humidité relative de 80% à 40°C avec l'argon comme gaz porteur à un débit de 40 NmL.min^{-1}). La fraction molaire en vapeur d'eau correspondante est 6,7%. Ce programme de température est répété pour simuler plusieurs cycles consécutifs.

La Figure 57 montre la réactivité de l'oxyde mixte $Zr_xCe_{1-x}O_2$ (synthétisé par co-précipitation) sur 2 cycles successifs de réduction à 1400°C et oxydation à 1050°C. Le matériau avec la plus forte teneur en Zr (50%) présente le plus grand taux de réduction avec 235,7 et 229,1 µmol O_2/g pendant le 1er et le 2nd palier à 1400°C, respectivement. Concernant l'étape de génération de H_2, la poudre 50%-Zr présente la production d'hydrogène la plus élevée (467.7 µmol H_2/g). Cette valeur correspond à 99% de réoxydation de la poudre préalablement réduite. Les 2 autres poudres (10%-Zr et 25%-Zr) produisent 234,3 et 333,8 µmol H_2/g pendant le 1er cycle. Une réaction rapide est observée. Concernant le second cycle, la réactivité de ces poudres est amoindrie, avec une meilleure réactivité pour la poudre 25%-Zr (297.6 µmol H_2/g). Le rapport H_2/O_2 est égal à 1.98 pour le 1er cycle et 1.16 pour le 2nd cycle pour la poudre 50%-Zr (donc perte de réactivité). Les autres poudres, 10%-Zr et 25%-Zr, ne présentent pas de perte de réactivité.

En conclusion, la plus forte teneur de Zr permet un rendement de réduction élevé (variant de 9,2% à 27,9% pour 10%-Zr et 50%-Zr, respectivement). Cependant, les poudres 10%-Zr et 25%-Zr sont les compositions les plus intéressantes pour la production de H_2 en raison d'un meilleur comportement au cyclage.

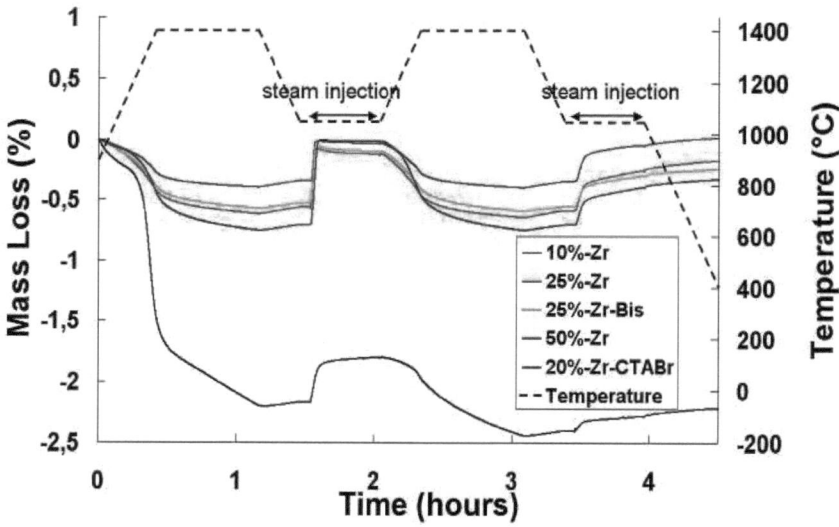

Figure 57 : ATG de 10%-Zr, 25%-Zr, 50%-Zr, et 20%-Zr-CTABr sur 2 cycles successifs : réduction à 1400°C pendant 45 min sous Ar et oxydation par H_2O à 1050°C pendant 35 min

Influence de l'ajout d'un surfactant pendant la synthèse :
L'ajout d'un surfactant pendant la synthèse (CTABr) favorise notablement la réduction du matériau lors du premier cycle (650,6 µmol O_2/g, taux de réduction de 52%), mais la réactivité avec H_2O est amoindrie en raison d'un phénomène de frittage important (252 µmol/g pendant le premier cycle et 103 µmol/g pendant le second cycle).
La surface spécifique du matériau après synthèse est 169 m²/g, ce qui explique l'augmentation du taux de réduction notamment en surface. Le rapport H_2/O_2 est 0.40

pour 20%-Zr-CTABr dans le 1er cycle et il diminue dans le second en raison d'une perte de réactivité qui est principalement due au frittage.
Concernant l'influence de la température d'hydrolyse, la poudre 20%-Zr-CTABr produit une plus grande quantité de H_2 à 1050°C (252 µmol/g) qu'à 950°C (200 µmol/g) durant le 1er cycle. La synthèse avec un template améliore donc le taux de réduction en raison de tailles de cristallites plus petites (17 nm pour 25%-Zr et 6 nm pour 20%-Zr-CTABr), mais la réactivité est diminuée en raison de l'instabilité thermique.

Influence de la température :
L'influence de la température sur la réaction de dissociation de H_2O a également été étudiée (850°C, 950°C, et 1050°C) avec la poudre 25%-Zr préalablement réduite à 1400°C. Le rapport H_2/O_2 augmente avec la température et il est égal à 2 à 1050°C avec une quantité finale de H_2 produite de 240 µmol/g (Fig. 58). Les paramètres cinétiques sur la base d'une loi d'Arrhenius ont été identifiés à partir de ces expériences en conditions isothermes. Une énergie d'activation de 51 kJ/mol est estimée pour la réaction d'hydrolyse.

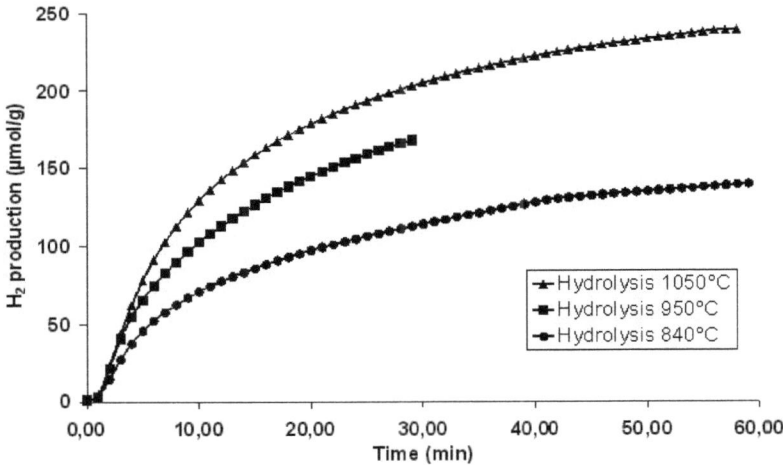

Figure 58 : Production d'hydrogène à différentes températures pendant l'hydrolyse de 25%-Zr

L'influence de la température d'hydrolyse a également été mise en évidence avec la poudre 10%-Zr soumise à 3 cycles successifs avec 3 températures d'hydrolyse différentes. La quantité d'hydrogène produite est de 157, 149, et 149 µmol H_2/g à

1300°C, 1100°C, et 900°C, respectivement. Le rapport H_2/O_2 (égal à 1.12, 1.88, 1.94 pour les 3 cycles, respectivement) montre que le matériau peut être cyclé sans perte de réactivité. L'énergie d'activation déterminée à partir de ces données est de 52,1 kJ/mol pour la poudre 10%-Zr, en accord avec la valeur précédemment obtenue pour 25%-Zr.
En comparaison avec l'énergie d'activation pour l'hydrolyse de différents matériaux de type ferrites (E_a = 110 kJ/mol pour $ZnFe_2O_4$), les solutions solides de cérine-zircone, $Zr_xCe_{1-x}O_2$, présentent une plus faible énergie d'activation. Une étude sur la réactivité de solutions solides cérine–zircone a été réalisée [88].

Influence de la méthode de synthèse et de la nature du dopant :
Différentes méthodes de synthèse ont par ailleurs été considérées afin d'identifier la méthode la plus efficace [89]. Le tableau 4 montre que la méthode Pechini permet la plus grande production de H_2 après plusieurs cycles sans aucune désactivation du matériau. Les productivités de O_2 et H_2 des cérines dopées ont été comparées avec de la cérine pure (synthétisée par coprécipitation). La réactivité de $Zr_xCe_{1-x}O_2$ est plus importante que celle de CeO_2, comme indiqué dans le tableau 4.

Tableau 4 : Influence de la méthode de synthèse sur la production de O_2 et H_2 (μmol/g) à partir de $Ce_{0,75}Zr_{0,25}O_2$ durant 3 cycles successifs avec hydrolyse à 1200, 1100 et 1000°C

	Réduction 1400°C						Oxydation avec H_2O					
	Cycle 1		Cycle 2		Cycle 3		Cycle 1		Cycle 2		Cycle 3	
	μmol O_2/g	X_{red} %	μmol O_2/g	X_{red} %	μmol O_2/g	X_{red} %	μmol H_2/g	α %	μmol H_2/g	α %	μmol H_2/g	α %
Coprécipitation	208	17,7	119,8	10,2	118,8	10,1	267	64,2	236	98,5	212,5	89,4
Pechini	246,8	21	231,5	19,8	177,5	15,2	432,5	87,6	345,2	74,5	354,1	99,7
Sol-Gel	226,2	19,3	165,9	14,2	82,3	7,0	319,2	70,5	161,8	48,7	159,6	96,9
Hydrothermal	255,4	21,8	155,8	13,3	98,2	8,4	360,5	70,5	188,4	60,4	202,4	103,0
CeO_2	75	5,2	58	4,0	66	4,6	125	83,3	128	110,3	144	109,1

Le cas d'un dopant différent (Ta^{5+} au lieu de Zr^{4+}) a également été considéré (Fig. 59) et une production de H_2 stable sur plusieurs cycles successifs est obtenue sans baisse de réactivité ($\approx$120 μmol H_2/g). Toutefois le rendement d'hydrolyse est faible comparé au taux de réduction. La formation d'un composé stable $CeTaO_4$ est décelée après réduction, ce qui limite le rendement d'hydrolyse.

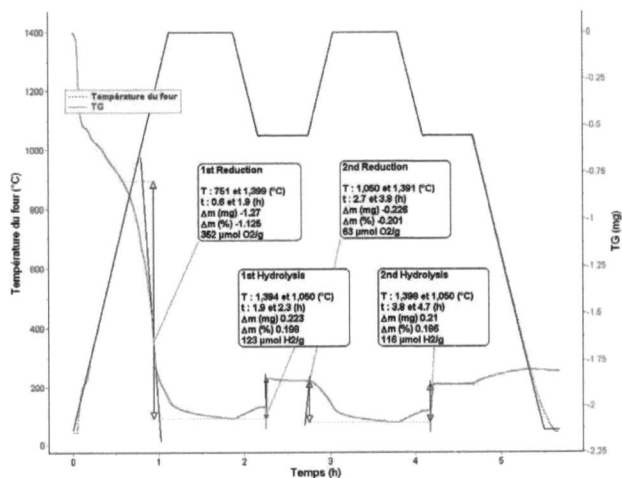

Figure 59 : ATG de $Ce_{0,75}Ta_{0,25}O_{2,125}$ synthétisé par coprécipitation sur 2 cycles successifs : réduction à 1400°C (45 min, Ar) et oxydation par H_2O à 1050°C (35 min)

Le dopage avec des lanthanides (La, Sm, Gd) de valence +3 n'a pas montré d'amélioration significative du taux de réduction par rapport à la cérine pure, et l'hydrolyse est rapide et totale (Fig. 60). Enfin, des cérines ternaires de compositions $Zr_{0,25-x}M_xCe_{0,75}O_{2-x/2}$ avec M= La, Y, Gd ont été étudiées afin de conjuguer l'effet d'un dopage au zirconium avec un dopage permettant la création de lacunes dans le but d'améliorer la production d'hydrogène (Tableau 5). Une étude détaillée a été effectuée sur l'influence du type de dopant sur la réactivité des cérines [90].

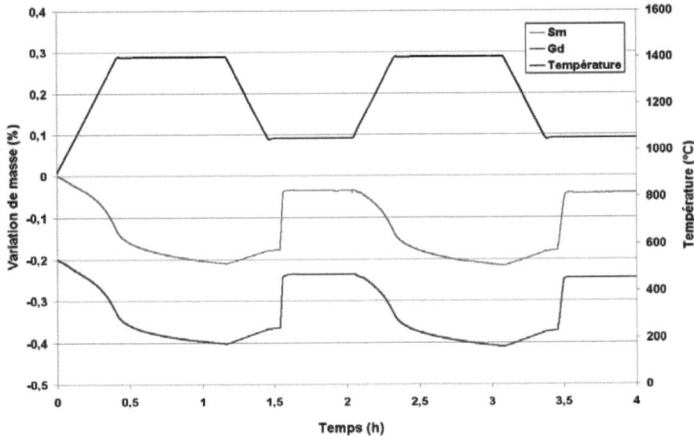

Figure 60 : ATG de deux cycles thermochimiques de dissociation de l'eau avec $Gd_{0,1}Ce_{0,9}O_{1,95}$ et $Sm_{0,1}Ce_{0,9}O_{1,95}$

Tableau 5 : Quantités d'oxygène et d'hydrogène produits lors de deux cycles thermochimiques consécutifs avec des cérines ternaires

	O_2 dégagé				H_2 produit			
	1er cycle		2nd cycle		1er cycle		2nd cycle	
	n_{O2} (µmol/g)	X_{red} (%)	n_{O2} (µmol/g)	X_{red} (%)	n_{H2} (µmol/g)	α (%)	n_{H2} (µmol/g)	α (%)
Zr (25%)	179,4	15,3%	155,3	13,3%	323,9	91,9	218,0	70,2
Zr-La (23 / 2 %)	160,3	13,7%	128,9	11,0%	271,6	84,7	242,8	94,2
Zr-Y (23 / 2 %)	163,5	14,0%	142,0	12,1%	300,8	92,0	178,5	62,8
Zr-Gd (25 / 1 %)	200,0	17,0%	174,0	14,9%	338,2	84,5	224,0	64,4
Zr-Gd (25 / 5 %)	164,0	14,0%	84,2	7,2%	167,2	50,9	117,3	69,6

Influence de l'ajout d'un catalyseur de type métal noble :

Les échantillons de cérine-zircone ont également été imprégnés avec un métal précieux (Rh) afin d'étudier l'effet catalytique de l'ajout du dopant sur la réactivité des matériaux.

Par exemple, dans le cas d'un échantillon de 20%-Zr-CTABr synthétisé par coprécipitation et imprégné avec 1%Rh, la production de H_2 à 1050°C est fortement augmentée (1201 et 406 µmol H_2/g pour le 1er et le 2nd cycle) par rapport à l'échantillon brut non imprégné de Rh. L'influence de la température d'hydrolyse est également significative. La production de H_2 diminue à 760 µmol/g à 950°C et 157 µmol/g à 850°C pour le 1er cycle.

Le dopage du matériau par un catalyseur (Rh) a un effet bénéfique sur la production de H_2 dans le cas de la synthèse avec un surfactant permettant d'obtenir des particules brutes avec une très grande surface spécifique et une faible taille des cristallites, ce qui peut favoriser la dispersion du catalyseur dans le matériau lors de son imprégnation et augmenter son activité.

10. Conclusions et perspectives

Les travaux ont permis la sélection et le développement de cycles thermochimiques potentiels à 2 ou 3 étapes pour la production solaire d'hydrogène. La finalité de l'étude est de mettre au point des cycles thermochimiques innovants, développer les récepteurs/réacteurs solaires appropriés (conception, expérimentation, et modélisation), et étudier la mise en oeuvre des cycles à l'échelle du procédé.

Une méthode d'analyse exergétique a été développée afin de déterminer les besoins et les rendements exergétiques de chaque cycle. L'analyse permet également de quantifier les irréversibilités majeures (dégradation du rendement exergétique), et d'identifier les opérations ou transformations responsables de ces irréversibilités.

Des études thermodynamiques et expérimentales ont été effectuées sur les systèmes réactionnels. La faisabilité de plusieurs cycles de production d'hydrogène a été démontrée (Fe_3O_4/FeO, ZnO/Zn, SnO_2/SnO, CeO_2/Ce_2O_3, cycles oxydes/hydroxydes alcalins et cycles aux oxydes mixtes à 3 étapes). Les réactions à haute température ont été étudiées dans des réacteurs solaires afin de synthétiser les phases réduites réactives vis à vis de la vapeur d'eau. Concernant les réactions de génération d'hydrogène, l'analyse en ligne du gaz a montré que des composés comme l'oxyde stanneux (SnO) ou le zinc (Zn) sous forme de nanopoudres, la wüstite (FeO), l'oxyde de cérium III (Ce_2O_3) ou les oxydes mixtes à structure pyrochlore ($Ce_2Ti_2O_7$, $Ce_2Si_2O_7$) réagissent avec l'eau (ou NaOH) pour produire H_2 avec des rendements élevés. Des expériences en thermobalance et en lit fixe ont été effectuées dans le cadre de la caractérisation des cinétiques de réaction.

D'autre part, la mise en oeuvre des cycles à l'échelle industrielle nécessite le développement et l'évaluation de récepteurs/réacteurs solaires appropriés (conception, interface rayonnement/réacteur, matériaux, expérimentation, modélisation). Des travaux expérimentaux et théoriques concernant le développement des réacteurs chimiques ont été menés. Des prototypes de réacteurs solaires continus de 1 kW ont été construits afin d'étudier la réduction des oxydes et de qualifier plusieurs concepts de réacteurs en vue d'une extrapolation future à plus grande échelle (10-50 kW). Ils permettent l'injection de solide dans la zone haute température et l'extraction continue des produits gazeux dans le cas des systèmes volatils (Zn et SnO).

En outre, des systèmes thermochimiques innovants ont été développés (comme les cycles aux oxydes mixtes permettant de réaliser les réactions en phase solide) et nécessitent des recherches pluridisciplinaires. Leur mise en œuvre requiert le développement de méthodes d'élaboration et de mise en forme des composés mixtes, ainsi que la maîtrise des systèmes réactifs à haute température (propriétés thermodynamiques, rendements et cinétiques chimiques, relations entre structure/composition et réactivité, tenue au cyclage). Ainsi, un axe particulier de recherche développé concerne les cycles aux oxydes mixtes du type ferrites ($M_xFe_{3-x}O_4$) et cérine dopée ($M_xCe_{1-x}O_2$). Ces cycles présentent une température maximale située entre 1200°C et 1400°C compatible avec l'utilisation à grande échelle et de façon économique de l'énergie solaire concentrée. Les oxydes mixtes permettent d'abaisser la température de réduction (dégagement O_2) en dessous de 1400°C tout en gardant une bonne réactivité du sous-oxyde réduit avec l'eau dans le domaine 500-1000°C (production d'hydrogène).

Des travaux en collaboration avec RHODIA (groupe Solvay) sur la thématique des cycles cérine ont été effectués pour montrer la réactivité de matériaux modèles utilisés en catalyse de dépollution automobile et leur potentiel d'application dans le domaine de la production d'hydrogène par cycles thermochimiques [91]. Les travaux ont concerné l'étude de nouvelles compositions d'oxydes complexes de terre rare préparés par RHODIA et sélectionnés en raison de leurs propriétés intéressantes (mobilité de l'oxygène dans la structure cristalline), puis leur intégration dans un réacteur solaire (par exemple, lit de particules ou matériau déposé sur support céramique poreux).

Les recherches à mener dans ce domaine concernent l'optimisation de la réactivité des matériaux en modifiant leur composition et morphologie, et la mise en œuvre dans un procédé, ce qui nécessite la mise en forme des matériaux et leur intégration dans un réacteur solaire. Ces oxydes mixtes pourront par exemple être supportés sur des matrices céramiques inertes ou bien élaborés sous forme de structures monolithiques poreuses absorbant le rayonnement (mousses céramiques poreuses), et fixés dans le réacteur donnant la possibilité de réaliser les 2 réactions du cycle dans le même réacteur. L'élaboration de matériaux fonctionnels sous forme de structures massives macroporeuses doit donc être considérée. Des techniques de synthèse de matériaux compacts sous forme de mousses poreuses, fibres, feutres, etc. pourront par exemple être mises en œuvre. L'encapsulation d'oxydes à propriétés redox dans les pores d'un support céramique est également une autre voie à explorer.

III. Recyclage et valorisation du CO_2 pour la production de combustibles de synthèse

1. Contexte

Les rejets de dioxyde de carbone d'origine anthropique sont en forte croissance depuis quelques décennies et la teneur de CO_2 dans l'air atteint aujourd'hui des niveaux oscillant autour de 387 ppm avec une augmentation annuelle excédant 2 ppm par an. Ces émissions de gaz à effet de serre sont générées pendant la combustion des combustibles fossiles qui sont la source de plus de 86% de l'énergie consommée dans le monde. Environ un tiers des émissions anthropiques de CO_2 proviennent des centrales thermiques pour la production d'électricité mais un grand nombre de procédés industriels émettent également de grandes quantités de CO_2 comme les raffineries, les cimenteries, la métallurgie/sidérurgie ou encore l'exploitation des gisements de gaz naturel ou de sables bitumineux.

La stabilisation puis la diminution des émissions de CO_2 implique à long terme une réduction importante de l'utilisation des énergies fossiles et un recours plus important aux énergies non émettrices de gaz à effet de serre. Aujourd'hui, une solution proposée est la capture et la séquestration du CO_2 dans des formations géologiques ou dans les océans, mais la sûreté à long terme de ce type de stockage n'est pas garantie [92]. La fixation du CO_2 et sa valorisation sous forme de produits chimiques ou énergétiques peut s'avérer préférable à une séquestration dans le sous-sol [93].

En tant que solution alternative et durable, les recherches développées au laboratoire PROMES proposent de recycler et de valoriser le CO_2 émis par les procédés industriels avec pour finalité l'élaboration de combustibles de synthèse. Actuellement, seulement 0,5% des émissions de CO_2 sont recyclées pour des applications dans l'agroalimentaire, la chimie ou la pharmacie. La conversion du CO_2 en vecteurs énergétiques est un domaine à explorer avec des perspectives intéressantes. Les travaux à mener doivent montrer qu'il est possible de transformer des mélanges gazeux à base de CO_2 en carburants, grâce à l'énergie solaire concentrée. En effet, combiné à de l'eau et moyennant un apport d'énergie solaire adéquat, le CO_2 peut être converti en un mélange de monoxyde de carbone (CO) et d'hydrogène (H_2), à partir duquel il est possible de fabriquer, grâce au procédé Fischer-Tropsch, des hydrocarbures à chaîne longue utilisables dans les moteurs classiques.

2. Objectifs et méthodes

Les recherches ont pour objectif de développer des procédés thermochimiques solaires innovants afin de réduire chimiquement le CO_2 pour permettre sa conversion finale en combustibles solaires (hydrogène ou carburant liquide). L'étape clé initiale vise à dissocier CO_2 en une molécule plus réactive CO, c'est-à-dire à redonner à la molécule un potentiel énergétique grâce à l'énergie solaire concentrée. La dissociation du CO_2 est difficile du fait de la stabilité intrinsèque de la molécule. En effet, la décomposition thermique directe du CO_2 nécessite des températures supérieures à 2500°C pour obtenir des taux de dissociation significatifs. L'approche proposée doit permettre une diminution importante de la température de dissociation du CO_2 par la mise en œuvre d'un procédé redox cyclique analogue aux cycles producteurs de H_2. Les réactifs envisagés sont des oxydes métalliques permettant de produire CO et O_2 séparément en deux étapes distinctes (ce qui écarte le risque de recombinaison) et à un niveau de température modéré. Selon ce principe (Fig. 61), l'oxyde métallique subit une réduction thermique libérant ainsi l'oxygène de son réseau cristallin dans une première étape (étape solaire endothermique), puis le sous oxyde réduit dissocie CO_2 en captant l'oxygène (génération de CO). L'oxyde métallique est ensuite recyclé dans l'étape 1, donc il n'est pas consommé dans le procédé. Il peut donc être considéré comme « catalyseur » pour la réaction de dissociation de CO_2. L'objectif est d'utiliser l'énergie solaire concentrée en tant que source de chaleur à haute température. Ce nouveau procédé consomme uniquement CO_2 en le valorisant, ce qui est une solution alternative à sa séquestration. La faisabilité d'un tel concept doit être démontrée.

Par la suite, CO peut être utilisé pour produire H_2 par la réaction de shift exothermique (CO + H_2O → CO_2 + H_2, $\Delta H° $ = -41 kJ/mol), CO_2 produit étant à nouveau recyclé indéfiniment. Cette voie est une alternative au procédé actuel de reformage du gaz naturel, permettant une économie de combustibles fossiles. De plus, CO peut également permettre de stocker H_2 via une synthèse Fischer-Tropsch. En effet, à l'aide de procédés conventionnels, H_2 et CO produits par voie solaire peuvent être combinés pour produire un carburant liquide synthétique, comme le méthanol ou même l'essence déjà compatible avec les infrastructures existantes et directement utilisable dans des moteurs classiques. Ainsi, ce procédé solaire de valorisation du CO_2 n'est pas dépendant de l'émergence d'une future économie de l'hydrogène. Comme les ressources fossiles s'amenuisent, la synthèse de combustibles synthétiques par voie solaire pourrait devenir une alternative intéressante. Le procédé global qui convertit l'eau et le CO_2 en combustible solaire, équivaut à inverser le processus de combustion habituel, fermant ainsi le cycle du carbone selon la réaction globale suivante :

$xCO_2 + (y/2)H_2O + \text{Energie solaire} \rightarrow C_XH_Y \text{ (carburant liquide)} + (x+y/4)O_2$

Cette méthode est une alternative aux biocarburants et permet la transition vers une future économie de l'hydrogène et des piles à combustible.

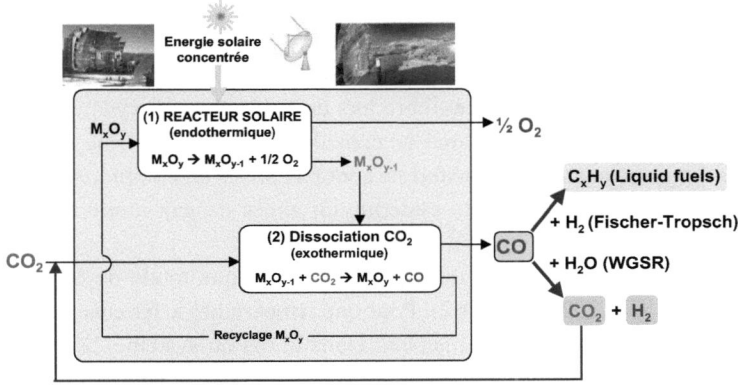

Figure 61 : Schéma de principe du procédé redox de dissociation du CO_2 à 2 étapes

Les travaux proposés ont pour objectifs l'identification et la caractérisation des systèmes thermochimiques conduisant à la conversion de CO_2, et la mise au point de nouveaux matériaux réactifs (oxydes mixtes). Deux types de systèmes redox du type oxyde/sous-oxyde (ou oxyde/métal) ont été proposés et étudiés : les oxydes simples opérant dans le domaine de température 1500-1700°C (par exemple, Fe_3O_4/FeO, ZnO/Zn, etc.) et les oxydes mixtes comme les cérines dopées $M_xCe_{1-x}O_2$. Les travaux doivent permettre d'identifier et optimiser les réactions par des études thermodynamiques (prévisions à l'équilibre) et expérimentales (étude de la réactivité chimique des systèmes et cinétique des réactions, méthodes d'élaboration de composés actifs, caractérisation physico-chimique des matériaux).

En résumé, les retombées de ces travaux et les débouchés industriels envisageables sont multiples et concernent en particulier :
- Le recyclage des effluents de CO_2 produits par l'industrie, donc la réduction des émissions de CO_2 et une solution alternative à sa séquestration,
- La conversion et le stockage de l'énergie solaire sous forme chimique (vecteurs énergétiques),
- La synthèse d'hydrogène, de gaz de synthèse (CO/H_2) ou de combustibles comme le méthanol lorsque CO est combiné à H_2, ce qui permet un stockage de H_2,

- La production de carburants liquides à longue chaîne (synthèse Fischer-Tropsch) à partir de CO_2, H_2O, et de l'énergie solaire, ce qui équivaut à inverser le processus de combustion.

3. Analyse thermodynamique

Des calculs thermodynamiques ont été effectués avec le logiciel HSC Chemistry afin de prévoir les espèces stables à l'équilibre lors de la réaction d'oxydation de Zn, SnO ou Fe_3O_4 avec H_2O et CO_2. Cette analyse considère un système fermé dans lequel les limitations des phénomènes de transfert ne sont pas prises en compte. Afin de simuler un écoulement gazeux à travers le système, un excès de gaz inerte par rapport au solide réactif est considéré.

Dans le cas du système Zn/CO_2, une dissociation presque totale de CO_2 en CO est prévue à environ 600-700°C (Fig. 62). Pour une température inférieure, C et CO_2 sont les espèces stables thermodynamiquement. Dans le cas du système $2Zn/CO_2$, l'excès de zinc favorise la formation de carbone à des températures inférieures à 600°C (la formation de CO se produit à plus de 600°C). Dans le cas du système $Zn/2CO_2$, la formation de CO est prévue entre 500 et 800°C. Concernant le système SnO/CO_2, la dissociation de CO_2 est partielle et une conversion maximale en CO de 30% est prévue à environ 500°C pour un ratio CO_2:SnO égal à 1:1 (Fig. 62). Toutefois un excès de CO_2 par rapport à SnO favorise le rendement de production de CO. La dissociation de CO_2 par FeO atteint également un rendement maximum de 30% à 500°C (Fig. 63). L'ajout de H_2O dans le système abaisse le rendement en CO au profit du rendement en H_2 dans le domaine 300-600°C. Sur le plan thermodynamique, les réactions de dissociation de CO_2 par les composés réduits présentent donc des rendements en CO limités et une production de carbone est prévue à des températures inférieures à 500°C.

Une étude expérimentale est donc nécessaire pour étudier les réactions d'un point de vue cinétique et mettre en évidence d'éventuelles limitations liées aux transferts de matière pour un système ouvert. Les prévisions thermodynamiques ont donc ensuite été comparées aux résultats de l'étude expérimentale réalisée en ATG ou en réacteur à lit fixe.

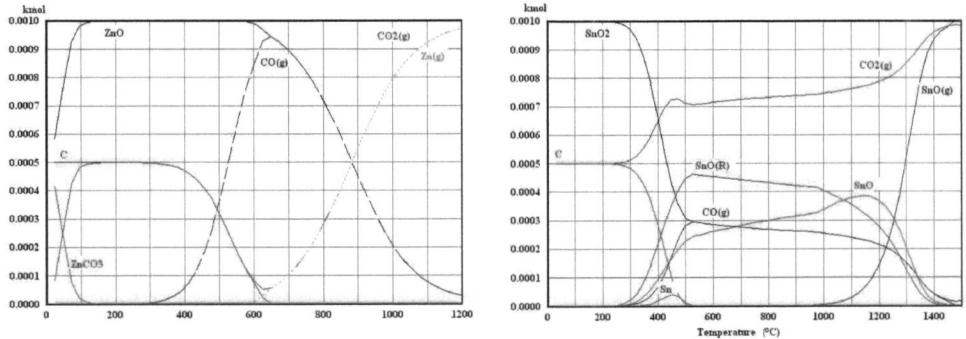

Figure 62 : Composition à l'équilibre pour le système $Zn+CO_2$ et $SnO+CO_2$ (P = 1 atm)

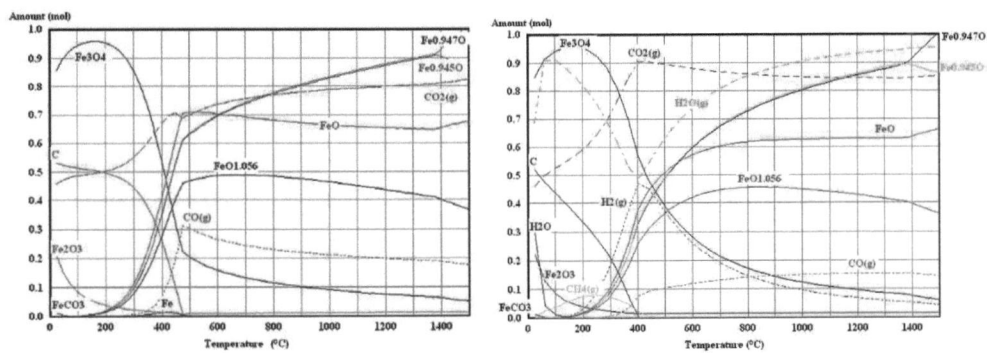

Figure 63 : Composition à l'équilibre pour le système $3FeO+CO_2$ et $3FeO+H_2O+CO_2$ (P = 1 atm)

4. Etude expérimentale de la réduction de CO_2

4.1. Réactivité des nanopoudres de Zn et SnO avec CO_2

Les propriétés redox des nanopoudres de Zn et SnO synthétisées par voie solaire (réacteur solaire à cavité, Fig. 37) ont été caractérisées. En effet, ces systèmes basés sur la dissociation thermique et la reoxydation d'oxydes métalliques volatils (tels que ZnO et SnO_2) montrent des performances intéressantes en terme de réactivité chimique car les espèces réduites sont produites sous forme de nanoparticules durant l'étape solaire, ce qui facilite leur oxydation ultérieure lors de la réaction avec CO_2 et H_2O. Pour cette raison, les espèces métalliques réduites (Zn et SnO) ont été synthétisées par voie solaire à haute température par dissociation thermique des oxydes respectifs (ZnO et SnO$_2$), au lieu d'utiliser des matériaux disponibles commercialement qui ne sont pas représentatifs de la morphologie réelle des poudres solaires. Concernant la dissociation de CO$_2$, les résultats ATG soulignent la réactivité élevée des poudres de Zn et SnO pour la production de CO (la présence de C(s) n'est pas observée dans l'échantillon oxydé).

Pour SnO, des réductions de CO$_2$ avec rampes de température ont montré que l'oxydation débute à environ 300°C, et que la réaction est totale pour un chauffage jusqu'à 1100°C. L'influence des paramètres a ensuite été étudiée au moyen d'expériences isothermes effectuées dans la gamme 500-900°C (Fig. 64). Les résultats sont globalement similaires à ceux observés avec H$_2$O$_{(g)}$ (Fig. 44) avec une conversion finale maximale de 88% à 800°C. Cependant, SnO est nettement plus réactif avec H$_2$O qu'avec CO$_2$ dans l'intervalle 500-700°C, et des températures supérieures sont nécessaires pour dissocier CO$_2$ et atteindre une conversion maximale. L'influence de la teneur en CO$_2$ sur la réactivité de SnO est par ailleurs très importante (Fig. 64, expériences à 800°C pour 25, 40, et 50% CO$_2$) [94].

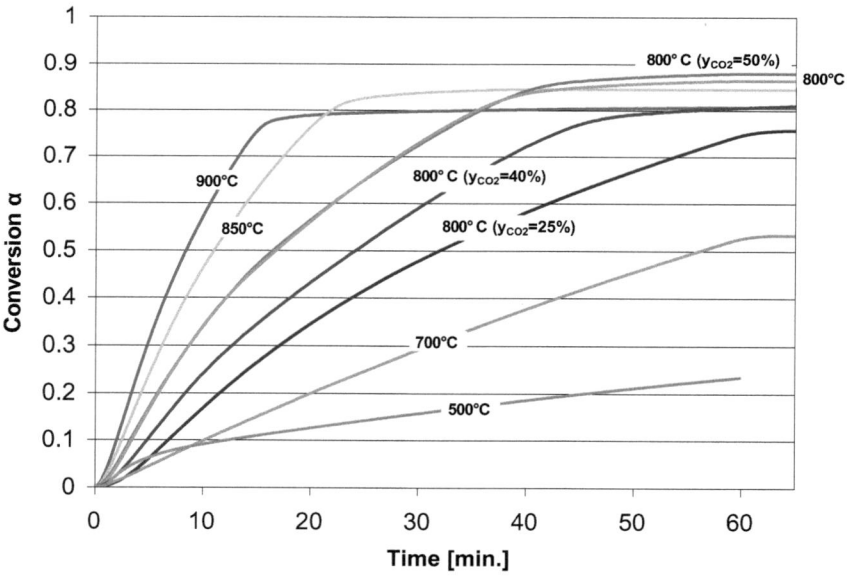

Figure 64 : Evolution de la conversion en fonction du temps pour la réaction SnO+CO$_2$ en conditions isothermes (50% CO$_2$ dans le gaz vecteur si non spécifié)

Pour Zn, une conversion quasi-totale est atteinte en moins de 5 minutes pour des températures supérieures à 360°C et une teneur en CO$_2$ de 50%, et la vitesse réactionnelle est peu sensible à la température (Fig. 65). Des points d'inflexion ($d^2\alpha/dt^2=0$) ont été observés, ce qui traduit un accroissement progressif de la vitesse de réaction avant d'atteindre un maximum, particulièrement visible pour l'expérience à 360°C [95].

Des études avec rampes de température (10, 15 et 20°C/min) ont permis de déterminer une température précise pour le démarrage de l'oxydation de Zn avec CO_2, soit 240°C, ainsi qu'un taux de conversion quasi-total (95%) atteint à environ 400°C. Le taux de conversion final ne dépend pas de la teneur en CO_2 (10-100%) pour une rampe fixée de 15°C/min, mais la vitesse de réaction augmente avec cette teneur.

Les paramètres cinétiques pour la réduction de CO_2 ont été identifiés en supposant une expression cinétique de la forme :

$$\frac{d\alpha}{dt} = k.[y_{CO2}]^m.f(\alpha) \qquad (29)$$

avec k la constante cinétique (s^{-1}), y_{CO2} la fraction molaire de CO_2, m l'ordre par rapport au CO_2, et $f(\alpha)$ un modèle cinétique de réaction solide-gaz décrivant le mécanisme cinétique.

Des énergies d'activation de 43 et 88 kJ/mol et des ordres par rapport à CO_2 de 0,82 et 0,96 ont été déterminés pour Zn et SnO, respectivement.

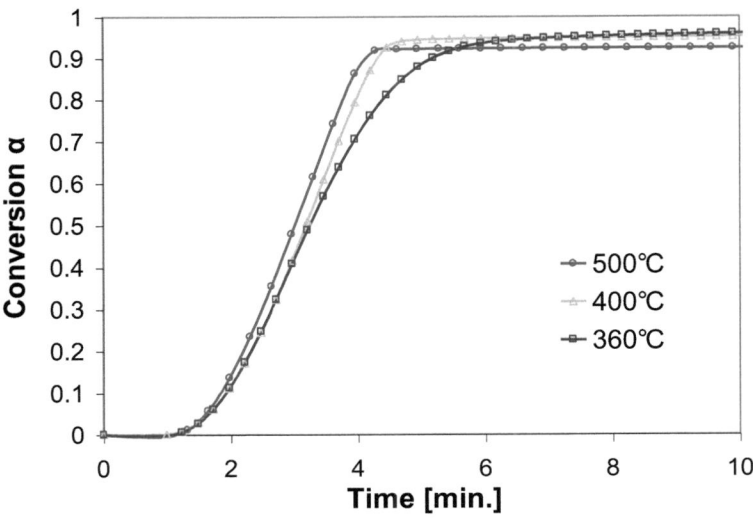

Figure 65 : Evolution de la conversion en fonction du temps pour la réaction Zn+CO_2 en conditions isothermes (50% CO_2).

Une analyse de type "master plot" a été effectuée afin de déterminer le modèle cinétique approprié. Les vitesses de réaction normalisées ont été comparées à différentes expressions de modèles de réaction solide-gaz.

$$[d\alpha/dt]/[d\alpha/dt]_{\alpha=0.5} = f(\alpha)/f(0.5) \tag{30}$$

Les modèles cinétiques les plus couramment employés sont les modèles de diffusion, couche limite, réaction d'ordre n, ou nucléation et croissance. Les expressions des modèles cinétiques sont détaillées par Gotor *et al.* [96].

Les résultats (Fig. 66) montrent une bonne corrélation sur tout le domaine de conversion entre les données expérimentales à 360°C et le modèle de croissance de nuclei (A2) représenté par $f(\alpha)=2(1-\alpha)[-\ln(1-\alpha)]^{1/2}$. Le mécanisme cinétique probable correspond donc à une nucléation d'oxyde dans les nanoparticules suivi par un processus de croissance dans le grain.

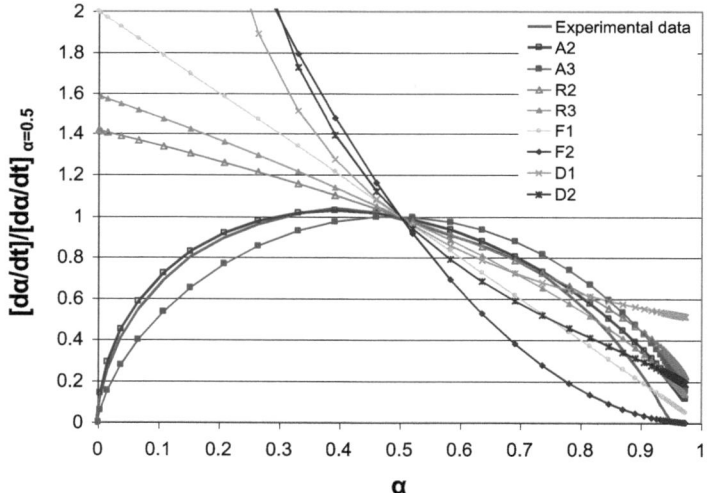

Figure 66 : Analyse master plot comparant les vitesses normalisées à des modèles cinétiques solide-gaz pour la réduction de CO_2 par Zn à 360°C (fraction molaire CO_2: $y_{CO2} = 50\%$)

Concernant l'étude de la dissociation de CO_2 en lit fixe, les expériences effectuées en dynamique avec rampe de chauffe constante (Fig. 67) montrent que l'oxydation des particules de Zn est totale et que la réaction de production de CO débute à 290°C. Le pic de production de CO correspond à la consommation de CO_2. La vitesse de dissociation de CO_2 augmente avec la vitesse de chauffe (Fig. 67). En conditions isothermes, CO_2 est injecté à une température donnée et un pic de production de CO est mesuré en sortie quelques secondes après. La conversion finale de Zn dépend de la température de réaction, mais la cinétique de dissociation de CO_2 est rapide quelle que soit la température (325-605°C) (Fig. 67). La conversion de Zn augmente avec la teneur en CO_2 en entrée mais à partir de 50% de CO_2, la conversion de Zn est quasi totale à 530°C. Ces résultats confirment que le zinc synthétisé par voie solaire est, compte tenu de sa morphologie, très réactif vis à vis de CO_2 [97].

La réaction $SnO+CO_2$ n'a pas été mise en œuvre dans le réacteur à lit fixe en raison des températures nécessaires plus élevées (supérieures à 800°C d'après les tests ATG).

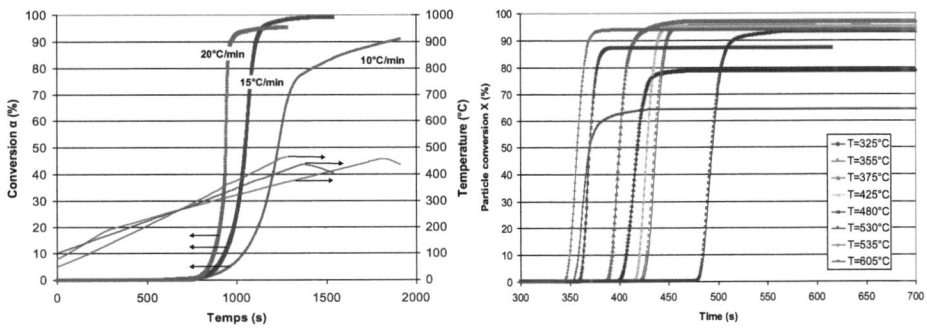

Figure 67 : Evolution de la conversion de Zn lors de la dissociation de CO_2 à différentes vitesses de chauffe et à différentes températures (teneur en CO_2 : 50%)

Les réactivités quasi-totales avec H_2O et CO_2 constatées pour le zinc soulignent l'absence de contrôle cinétique (équilibre thermodynamique atteint), et peuvent s'expliquer par (1) des surfaces spécifiques élevées, (2) l'absence de frittage malgré des températures de réaction voisines du point de fusion de l'espèce métallique (420°C), en raison de la dispersion de Zn dans la matrice, et (3) l'absence d'une couche de ZnO solide enveloppant les nanoparticules de Zn qui pourrait entraîner des limitations diffusionnelles, en raison d'un mécanisme d'oxydation par nucléation et croissance. Ainsi, les poudres solaires contenant un mélange Zn/ZnO sont plus réactives en raison de la présence initiale d'inclusions de ZnO inerte qui présente un effet catalytique sur la conversion de Zn. Concernant SnO, des conversions finales supérieures à 80% ont été mesurées avec des températures de réaction sensiblement supérieures par rapport au zinc, et un mécanisme cinétique contrôlé par un régime réactionnel rapide à l'interface suivi d'un régime diffusionnel plus lent. La dépendance à la température et à la concentration en oxydant met en évidence une limitation cinétique de la réaction dans le cas de SnO, qui peut être inhérent à la réaction de dismutation de SnO en Sn et SnO_2. La réactivité globale élevée de Zn et

SnO lors de la dissociation de H_2O et CO_2 est attribuée à la méthode spécifique de synthèse par voie solaire permettant la dissociation de l'oxyde et la condensation des espèces réduites gazeuses sous forme de nanoparticules.

Pour conclure, les nanopoudres obtenues par voie solaire ne sont pas concernées par des problèmes de passivation en raison de réactivités quasi-totales, et sont donc particulièrement adaptées pour la dissociation de H_2O et CO_2. L'ensemble des résultats obtenus en ATG et en lit fixe ont été exploités pour identifier les paramètres cinétiques des réactions [94-95].

4.2. Réactivité de la wüstite avec CO_2

La wüstite utilisée a été synthétisée par réduction thermique de Fe_3O_4 dans un réacteur solaire, puis mise sous forme de poudre ($30<d_p<80\mu m$, fraction massique en FeO : 60±1%). Une étude ATG en dynamique (vitesse de chauffage de 15°C/min) montre que la réaction d'oxydation de FeO avec CO_2 débute à environ 400°C quelle que soit la teneur en CO_2 en entrée (Fig. 68). La vitesse de réaction augmente avec la température et une conversion finale maximale de 95% est atteinte à la température maximale de 1100°C (production de CO de 4.4 mmol/g_{FeO}).

L'étude ATG en conditions isothermes (Fig. 69) montre une augmentation de la conversion et de la vitesse de réaction avec la température pour une taille de particules donnée ($30<d_p<80\mu m$). Une conversion finale supérieure à 90% est atteinte à 800°C après 90 min avec une production totale de CO de 4.3 mmol/g_{FeO} (la productivité maximale est de 4.6 mmol/g_{FeO} pour une conversion totale de FeO). Cette production de CO chute à 2.3 mmol/g à 600°C après 150 min de réaction avec 50% de CO_2 dans le gaz en entrée. Le profil de conversion, $X_{FeO}(t)$, présente un point d'inflexion ($d^2X/dt^2=0$), ce qui signifie que la vitesse de réaction (dX/dt) est maximale à ce point. En effet, la vitesse augmente brusquement dès que CO_2 est injecté puis elle diminue en raison de limitations diffusionnelles.

L'influence de la fraction molaire de CO_2 en entrée dans la gamme 25-100% sur la vitesse de réaction a également été mise en évidence. Un ordre de réaction par rapport à CO_2 voisin de 0,36 a été déterminé par régression linéaire. Enfin, les résultats montrent également une influence importante de la taille des particules et du type de matériau (FeO pur commercial vs. FeO synthétisé par voie solaire) sur la réactivité. Les analyses par DRX montrent que la wüstite solaire est non stœchiométrique ($Fe_{1-\delta}O$ avec δ proche de 0.05), et la présence accrue de défauts cristallins et de lacunes dans la structure jouant le rôle de sites de nucléation favorise la formation de Fe_3O_4 durant la dissociation de CO_2.

L'énergie d'activation de la réaction de CO_2 avec FeO synthétisé par voie solaire a été estimée à 56,5 kJ/mol par régression linéaire. Dans le cas de FeO commercial, l'énergie d'activation est supérieure, 67,6 kJ/mol, ce qui est en accord avec la réactivité plus importante de FeO solaire [98].

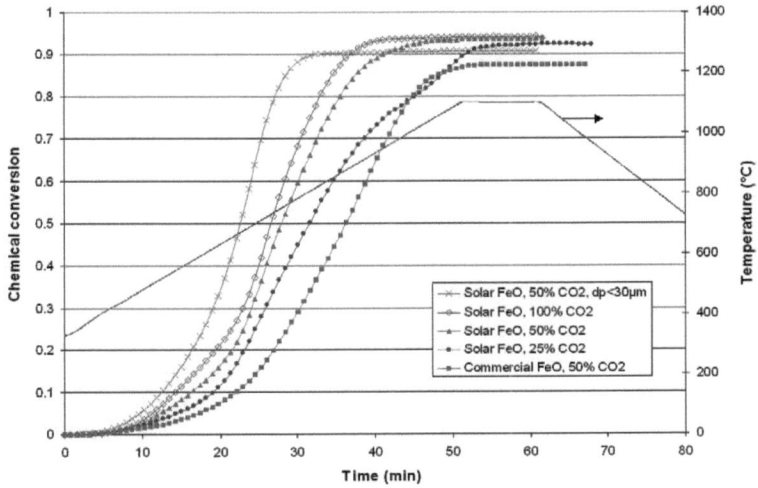

Figure 68: Evolution de la conversion en fonction du temps pour la réaction FeO+CO$_2$ pour des ATG non-isothermes (15°C/min) à différentes teneurs en CO$_2$ et tailles de particules (30<d$_p$<80µm si non spécifié)

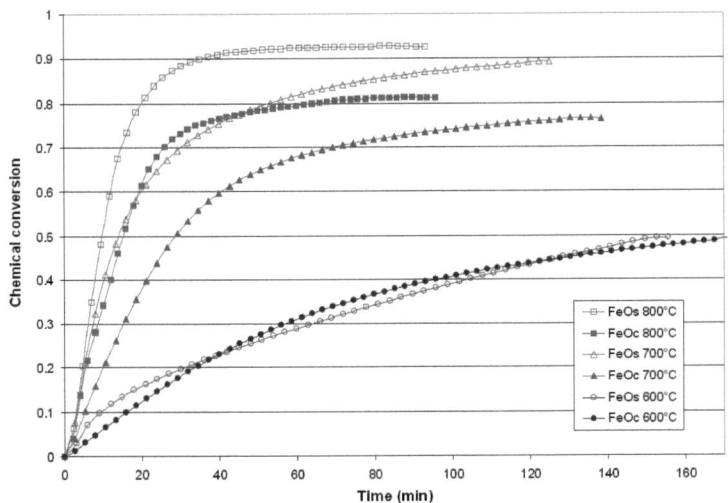

Figure 69: Evolution de la conversion en fonction du temps pour la réaction FeO+CO$_2$ pour des ATG isothermes et pour deux types de wüstite (30<d$_p$<80µm, 50% CO$_2$, FeO$_c$: FeO commercial, FeO$_s$: FeO solaire)

Des expériences de production directe de syngas à partir de FeO et d'un mélange CO_2/H_2O ont ensuite été menées : $3FeO + \beta CO_2 + (1-\beta)H_2O \rightarrow Fe_3O_4 + \beta CO + (1-\beta)H_2$. Les résultats montrent une conversion finale de FeO voisine de 80%. En raison d'un rapport molaire $H_2O:CO_2$ élevé en entrée (environ 6), une production préférentielle de H_2 est observée puisque le rendement en H_2 et CO obtenu est égal à 66% et 14%, respectivement (Fig. 70). L'influence de la composition du syngas produit en fonction de la teneur de H_2O et CO_2 pourra être étudiée [99].

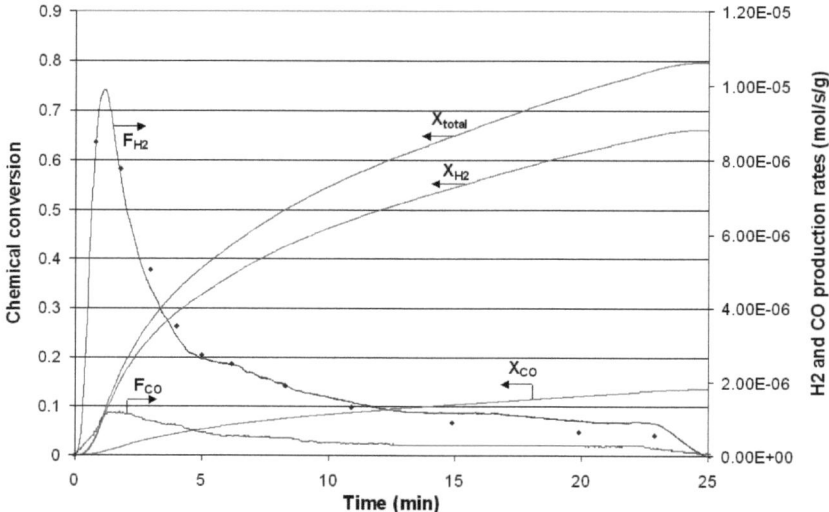

Figure 70: Conversion de FeO et débits de production de CO/H_2 pendant la dissociation simultanée de H_2O et CO_2 à 700°C avec FeO produit par voie solaire. Les points représentent l'analyse ponctuelle de H_2 par chromatographie phase gazeuse.

5. Systèmes à base d'oxydes mixtes réactifs pour la dissociation de CO_2

Des oxydes mixtes à base de cérine dopée $M_xCe_{1-x}O_2$ ont également été développés pour la génération de CO par dissociation de CO_2. Ces systèmes à base d'oxydes non-stoechiométriques sont une alternative permettant de réaliser les réactions de réduction en phase solide, tout en conservant leur structure cubique fluorite lors de la création de lacunes en oxygène.

(1) $M_xCe_{1-x}O_2$ + Energie solaire concentrée $\rightarrow M_xCe_{1-x}O_{2-\delta} + \delta/2\ O_2$
(2) $M_xCe_{1-x}O_{2-\delta} + \delta\ CO_2 \rightarrow M_xCe_{1-x}O_2 + \delta\ CO$

5.1. Etude des étapes de réduction et d'oxydation avec CO_2

Concernant le système $CeO_2/CeO_{2-\delta}$, un cycle a été réalisé avec une poudre commerciale (Aldrich 99,9%) en utilisant le montage composé d'un four tubulaire. Une quantité significative de CeO_2 (8 g) est placée dans une nacelle en alumine et chauffée sous balayage d'argon (0.2 NL/min) à 1420°C pendant 100 minutes pour l'étape de réduction. Ensuite, la température est abaissée à 1100°C et du CO_2 est injecté dans le four (Ar/CO=50/50). La Figure 71 représente les quantités d'oxygène et de CO mesurées en sortie du dispositif.

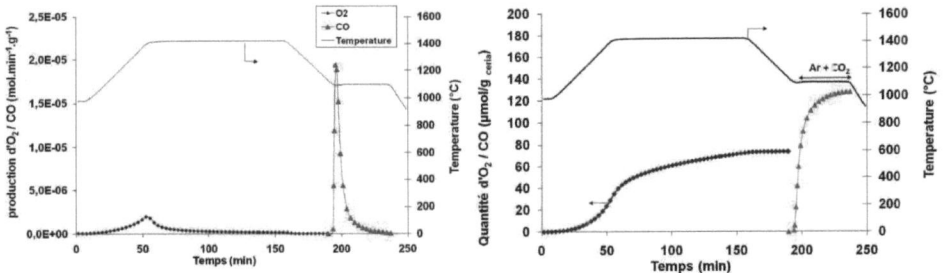

Figure 71 : Evolution de la production de O_2 et de CO lors d'un cycle thermochimique de dissociation du CO_2 avec CeO_2 (Aldrich 99,9%) (Gauche : production nette ; Droite : production cumulée)

Une production de 74 µmol O_2 par gramme est mesurée lors de la réduction à 1420°C, ce qui correspond à un taux de réduction de 5,1%. La quantité de CO produit atteint 128 µmol/g, soit un taux de ré-oxydation de 86,5%. L'amélioration des performances du cycle cérine passe par le dopage avec un autre métal comme dans le cas de la production d'hydrogène.

Des méthodes de synthèse et de mise en forme de composés actifs pour la dissociation de CO_2 ont été étudiées. Les méthodes de synthèse comprennent la co-précipitation des hydroxydes avec ou sans ajout de surfactant, la voie sol-gel, la méthode de synthèse Pechini, ou la synthèse hydrothermale, et permettent d'élaborer des matériaux sous forme de poudres composées de grains nanométriques avec une grande surface spécifique afin d'augmenter leur réactivité. Une étude expérimentale sur la réactivité des oxydes mixtes synthétisés a été effectuée dans le cas de la dissociation de CO_2 afin de déterminer la faisabilité des réactions chimiques, les produits de la réaction, les rendements, et les cinétiques réactionnelles [100].

La Figure 72 montre la réactivité de l'oxyde mixte $Ce_{0,75}Zr_{0,25}O_2$ (synthétisé par co-précipitation, 178.5 mg) sur 2 cycles successifs de réduction à 1450°C et oxydation au CO_2 à 950°C : un taux de réduction de 16% est obtenu sur le 1er cycle et le 2ème cycle présente des rendements similaires au 1er.

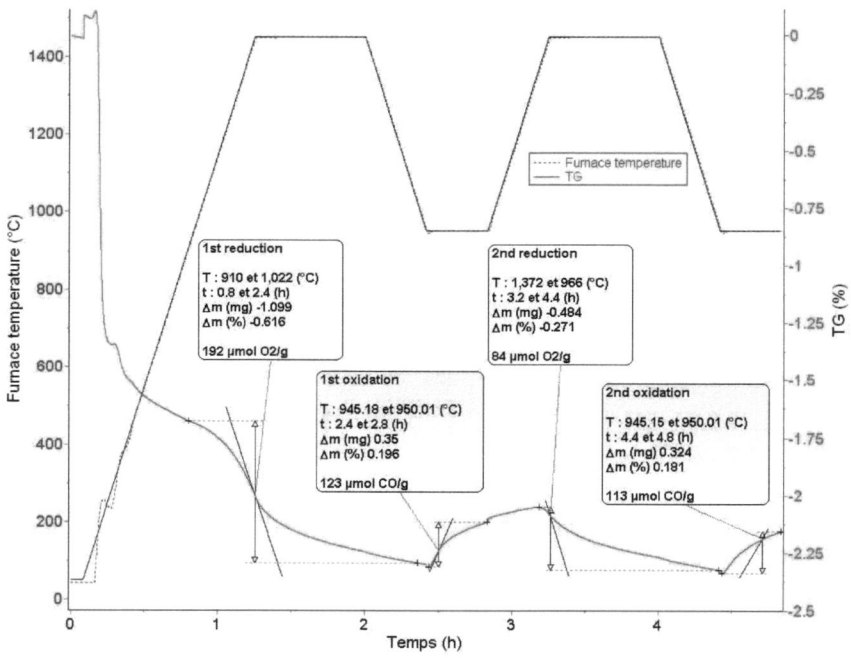

Figure 72 : ATG de $Ce_{0,75}Zr_{0,25}O_2$ sur 2 cycles successifs : réduction à 1450°C pendant 45 min sous Ar et oxydation par CO_2 (teneur de 50%) à 950°C pendant 25 min.

L'ajout d'un surfactant pendant la synthèse (CTABr) favorise notablement la réduction du matériau lors du premier cycle (591 µmol O_2/g) mais la réactivité avec CO_2 est fortement amoindrie en raison d'un phénomène de frittage important (61 µmol CO/g pendant le premier cycle et aucune production pendant le second cycle) (Fig. 73). Des résultats similaires sont observés pour une teneur en Zr différente de 50%, ainsi qu'avec un matériau de composition $Ce_{0.75}Zr_{0.23}La_{0.02}O_2$ synthétisé suivant la même procédure (69 µmol CO/g pendant le premier cycle et aucune production pendant le second cycle).

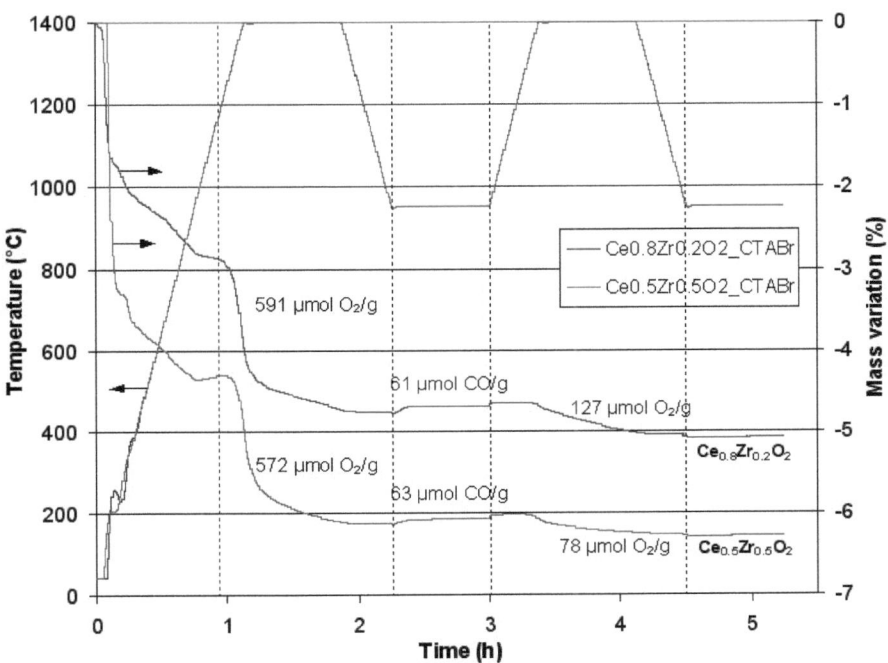

Figure 73 : ATG de $Ce_{1-x}Zr_xO_2$ synthétisé avec CTABr soumis à 2 cycles successifs comprenant une activation thermique à 1400°C sous Ar et une oxydation avec CO_2 (50% sous Ar) à 950°C (45 min)

L'influence de la teneur en Zr sur la réduction et la dissociation de CO_2 a été mise en évidence. L'ajout de Zr favorise la réduction du matériau (le taux de réduction augmente de 6% à 24% lorsque la proportion de Zr varie de 10% à 50%). Bien que le taux de réduction soit le plus faible avec $Ce_{0,9}Zr_{0,1}O_2$, ce matériau est celui qui autorise la plus importante production de CO avec 130 µmol/g à 1050°C (Fig. 74).

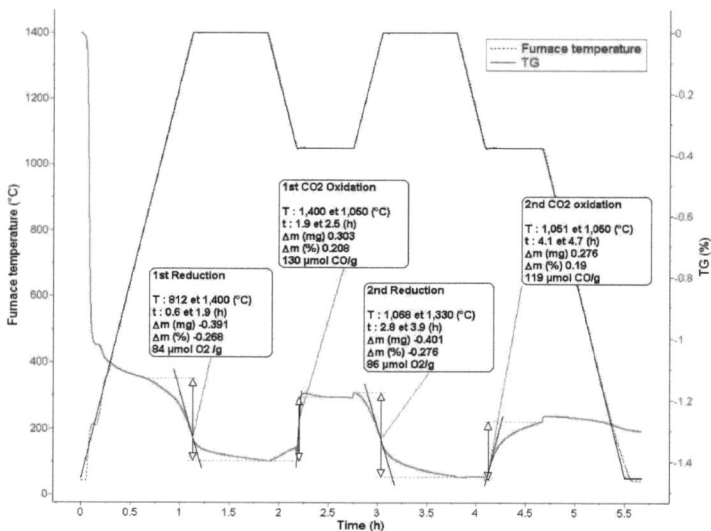

Figure 74 : ATG de $Ce_{0,9}Zr_{0,1}O_2$ sur 2 cycles successifs : réduction à 1400°C pendant 45 min sous Ar et oxydation par CO_2 (teneur de 50%) à 1050°C pendant 35 min

L'influence de la température sur la réaction de dissociation de CO_2 a également été étudiée avec $Ce_{0,9}Zr_{0,1}O_2$ entre 700°C et 1400°C, et une température optimale de l'ordre de 850°C est déterminée pour une production en CO de 136 µmol/g (Fig. 75).

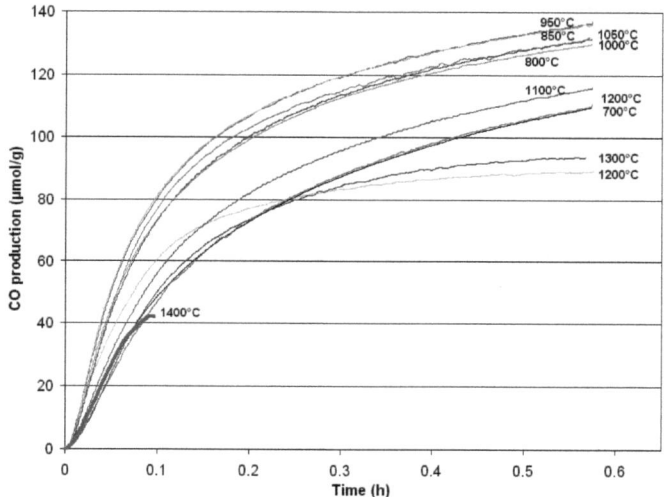

Figure 75 : Influence de la température sur l'oxydation de $Ce_{0,9}Zr_{0,1}O_{2-\delta}$ par CO_2

Différentes méthodes de synthèse ont par ailleurs été considérées afin d'identifier la méthode la plus efficace. La Figure 76 montre que la méthode Pechini permet la plus grande production de CO après plusieurs cycles sans aucune désactivation du matériau car la structure poreuse du matériau est conservée (images MEB des poudres après 3 cycles présentées Fig. 77). Les productivités de O_2 et CO des cérines dopées ont été comparées avec de la cérine pure (commerciale ou synthétique) afin de montrer l'influence du dopant sur la réactivité des matériaux. La réactivité de $Zr_xCe_{1-x}O_2$ est plus importante que celle de CeO_2, comme indiqué dans le tableau 6 [89].

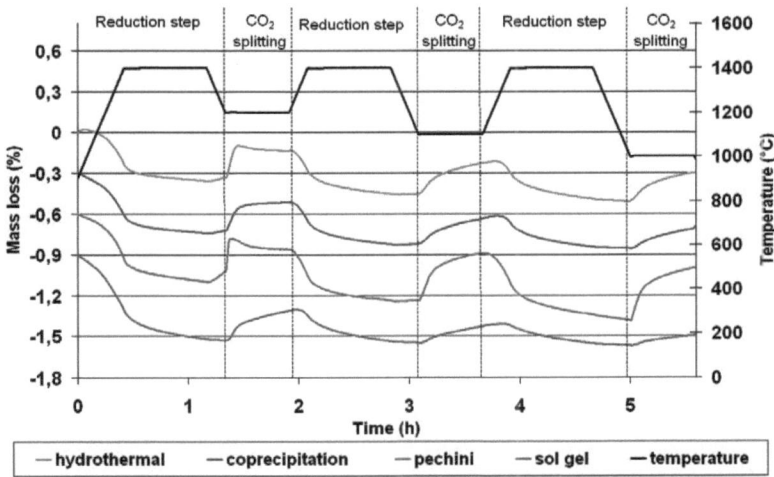

Figure 76 : ATG de trois cycles thermochimiques de dissociation du CO_2 successifs avec $Zr_{0,25}Ce_{0,75}O_2$ obtenu par différentes synthèses

Tableau 6 : Influence de la méthode de synthèse et de la composition des poudres sur la production de O_2 et CO (µmol/g)

	Cycle 1		Cycle 2		Cycle 3	
	1400°C	1200°C	1400°C	1100°C	1400°C	1000°C
	O_2	CO	O_2	CO	O_2	CO
Co-precipitation $Ce_{0,75}Zr_{0,25}O_2$	157	142	96	114	75	93
Sol-gel $Ce_{0,75}Zr_{0,25}O_2$	224	136	77	75	49	46
Hydrothermal $Ce_{0,75}Zr_{0,25}O_2$	116	158	101	138	91	123
Pechini $Ce_{0,75}Zr_{0,25}O_2$	176	144	117	212	152	242
Co-precipitation $Ce_{0,9}Zr_{0,1}O_2$	88	91	65	115	69	130
Co-precipitation CeO_2	56	99	52	103	54	99
CeO_2 commercial (Aldrich)	42	62	44	85	55	100

Enfin, le cas d'un dopant différent (Ta au lieu de Zr) a également été considéré et une production de CO stable sur 3 cycles successifs est obtenue sans baisse de réactivité (74 µmol CO/g).

Dans un second temps, une étude est réalisée pour l'imprégnation de ces oxydes mixtes sous forme de couches déposées dans des supports en céramique (monolithes de type mousses poreuses) jouant le rôle d'absorbeur du rayonnement et pouvant être intégrés par la suite dans un réacteur solaire.

Figure 77 : Observations MEB de $Zr_{0,25}Ce_{0,75}O_2$ synthétisé par (a) co-précipitation, (b) sol-gel, (c) Pechini, et (d) traitement hydrothermal après 3 cycles thermochimiques

5.2. Développement d'un réacteur avec récepteur volumique poreux pour la dissociation de H_2O/CO_2 à partir d'oxydes mixtes

Un réacteur a été conçu pour la mise en œuvre de la réaction de dissociation de H_2O et CO_2 à partir d'oxydes mixtes. Ce réacteur est muni d'un récepteur en mousse céramique poreuse placé à l'intérieur d'une cavité isolée (Fig. 78). La face avant est fermée par une fenêtre en pyrex dans laquelle est injecté un gaz neutre de balayage. La cavité est munie d'une ouverture afin d'absorber le rayonnement solaire concentré provenant d'un concentrateur parabolique de diamètre 2 m.

Ce réacteur est dans un premier temps testé afin d'analyser ses performances thermiques avec des mousses céramiques en SiC. Puis les matériaux réactifs imprégnés dans les mousses poreuses seront mis en œuvre dans le réacteur. Le système complet doit opérer à deux températures différentes pour effectuer successivement la réaction de réduction à environ 1400°C et la réaction de dissociation de H_2O/CO_2 à température inférieure.

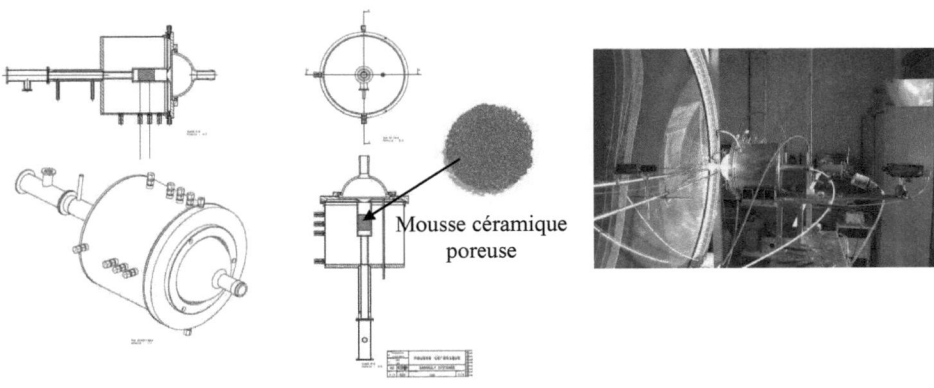

Figure 78 : Schéma du réacteur solaire intégrant une mousse céramique poreuse et photographie du dispositif au foyer d'un concentrateur parabolique

Simulation du réacteur avec récepteur volumique poreux :

L'objectif de cette modélisation est de prévoir l'influence des paramètres d'entrée (débit de gaz, flux solaire, porosité, longueur de poreux...) sur la température du solide (récepteur poreux imprégné de matériau réactif) et du fluide (gaz de balayage). Le but est d'obtenir une température minimale du poreux suffisante pour effectuer la réaction de réduction, et que cette température soit la plus homogène possible au sein du poreux (système représenté Fig. 79), tout cela afin d'optimiser le rendement du réacteur.

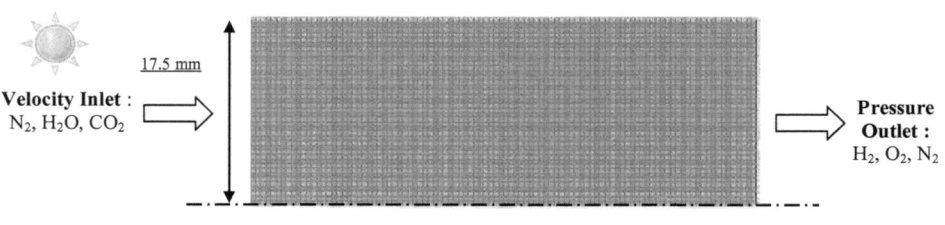

Figure 79 : Maillage du récepteur poreux (4200 mailles rectangulaires)

La phase solide est considérée comme un milieu semi-transparent avec un flux solaire radiatif à l'entrée du milieu poreux (flux incident). Après simulation des transferts de chaleur couplés pour la phase fluide et solide, les cinétiques des réactions ont été incluses dans le modèle afin de montrer l'impact de la réaction chimique sur la température du système (fluide et solide), ainsi que l'évolution de la concentration de chaque espèce.

Une étude paramétrique a été effectuée concernant l'influence du débit de gaz, la longueur de la mousse, la porosité et la taille des cellules, et la présence de réactions chimiques en surface. Les distributions de température typiques dans le fluide et le solide sont représentées sur la Figure 80. Les résultats montrent que le débit du fluide influe directement sur la température du solide car il y a échange par convection. Un débit de gaz inférieur à 10 L/min permet d'atteindre des températures suffisamment élevées (supérieures à 1400K) dans tout le volume du récepteur poreux pour effectuer la réaction de réduction [101].

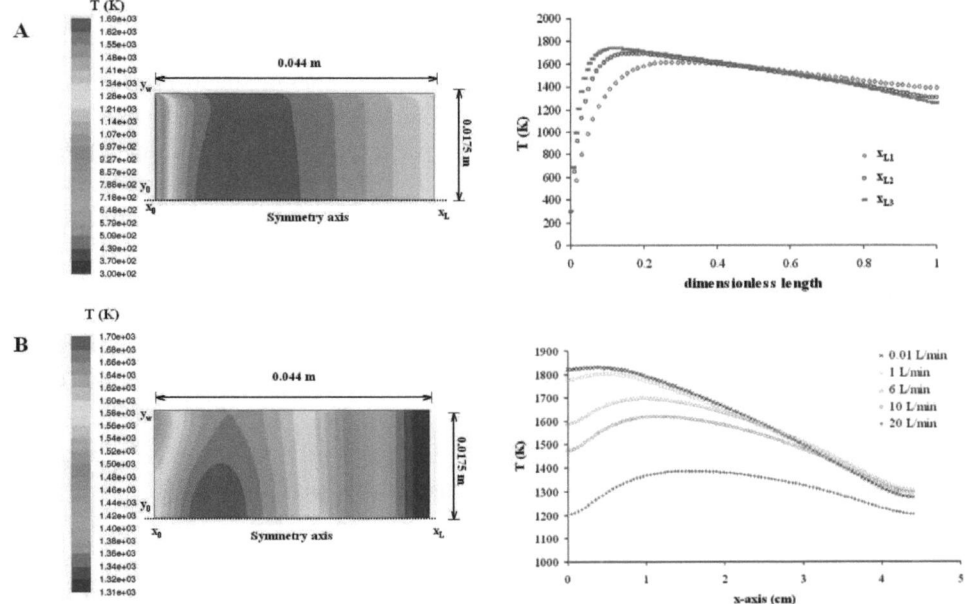

Figure 80 : Gauche : Distributions de température dans le fluide (A) et dans la mousse (B) pour un flux solaire incident Gaussien (débit de gaz neutre : 6 L/min, porosité : 0.9) ; **Droite :** Profils de température du fluide pour différentes longueurs de mousse (x_{L1}=2.2 cm, x_{L2}=4.4 cm, x_{L3}=6.6 cm) (A) et profils de température de la mousse pour différents débits gazeux entrants (B)

6. Conclusions / perspectives

Les travaux sur la conversion du CO_2 ont permis la mise au point de nouveaux procédés producteurs de CO (ou de syngas) basés sur des cycles thermochimiques à 2 étapes mettant en jeu des oxydes simples (de zinc, étain, fer) et des oxydes mixtes à base de cérine dopée ($M_xCe_{1-x}O_{2-\delta}$). L'influence de la méthode de synthèse et de la composition des matériaux sur leur réactivité pour la dissociation de CO_2 a été mise en évidence. La mise en œuvre des différents systèmes redox a donc permis d'explorer une nouvelle voie de conversion et de valorisation du CO_2 à partir de l'énergie solaire. Ces résultats permettent d'envisager des procédés solaires permettant le recyclage des émissions de CO_2 pour la synthèse de combustibles (H_2, syngas, méthanol, hydrocarbure liquide), ce qui constitue une alternative intéressante à la séquestration directe du CO_2. Un projet soutenu par la fondation EADS a été mis en place en 2012 et concerne le domaine de la production de carburant alternatif aéronautique (Jet Fuel) à partir de CO_2 et H_2O, et de l'énergie solaire concentrée.

En particulier, les systèmes redox non-stœchiométriques (comme le cycle cérine) seront mis en œuvre dans un réacteur prototype solaire. Ces procédés nécessitent en effet la conception, la mise au point et l'évaluation des performances de réacteurs/récepteurs solaires appropriés à chaque système, ainsi que le développement de modèles de réacteurs afin de prévoir leur performance thermique et chimique.

Par ailleurs, de nouveaux oxydes mixtes avec une structure de type pérovskite ($ABO_{3-\delta}$) semblent prometteurs pour cette application, et sont examinés afin de comparer leurs performances avec celles des cérines [102-103]. Les propriétés intéressantes de ces types de structures non-stœchiométriques sont liées à la capacité de stockage de l'oxygène et à la mobilité de l'oxygène dans le réseau cristallin en raison de la présence de lacunes et défauts, et des mécanismes associés dans les solides ioniques.

Les perspectives concernent donc l'identification de nouveaux systèmes thermochimiques conduisant à la conversion du CO_2, l'optimisation de la réactivité des matériaux, le développement des réacteurs et procédés solaires, et l'extrapolation de ces systèmes pour leur mise en œuvre dans des récepteurs solaires associés à des systèmes à concentration de type centrale à tour.

Références bibliographiques

[1] Abanades S., Hydrogen production technologies from solar thermal energy, *Green / The International Journal of Sustainable Energy Conversion and Storage*, 1(2), 209-220, 2011.
[2] Hirsch D., Epstein M., Steinfeld A., The solar thermal decarbonization of natural gas, *Int. J. Hydrogen Energy*, 26, 1023-1033, 2001.
[3] Steinfeld A., Kirillov V., Kuvshinov G., Mogilnykh Y., Reller A., Production of filamentous carbon and hydrogen by solar thermal catalytic cracking of methane, *Chemical Engineering Science*, 52(20), 3599-3603, 1997.
[4] Dahl J., Buechler K., Finley R., Stanislaus T., Weimer A., Lewandowski A., Bingham C., Smeets A., Schneider A., Rapid solar-thermal dissociation of natural gas in an aerosol flow reactor, *Energy*, 29, 715-725, 2004.
[5] Matovich E., Thagard Technology Company, High temperature chemical reaction processes utilizing fluid-wall reactors, US Patent #4095974, 1978.
[6] Steinberg M., The direct use of natural gas for conversion of carbonaceous raw materials to fuels and chemical feedstock, *Int. J. Hydrogen Energy*, 11(11), 715-720, 1986.
[7] Steinberg M., Fossil fuel decarbonization technology for mitigating global warming, *Int. J. Hydrogen Energy*, 24, 771-777, 1999.
[8] Muradov N.Z., How to produce hydrogen from fossil fuels without carbon dioxide emission, *Int. J. Hydrogen Energy*, 18(3), 211-215, 1993.
[9] Holmen A., Olsvik O., Rokstad O.A., Pyrolysis of natural gas: chemistry and process concepts, *Fuel Processing Technology*, 42, 249-267, 1995.
[10] Back M.H., Back R.A., Thermal decomposition and reactions of methane. In: Albright LF, Crynes BL, Corcoran WH., editors. Pyrolysis: theory and industrial practice. New York: Academic Press, 1-24, 1983.
[11] Olsvik O., Rokstad O.A., Holmen A., Pyrolysis of methane in the presence of hydrogen, *Chem. Eng. Technol.*, 18, 349-358, 1995.
[12] Billaud F., Guéret G., Weill J., Thermal decomposition of pure methane at 1263 K. Experiments and mechanistic modelling. *Thermochim. Acta*, 211, 303-322, 1992.
[13] Dahl J., Tamburini J., Weimer A.W., Lewandowski A., Pitts R., Bingham C., Solar-thermal processing of methane to produce hydrogen and syngas, *Energy and Fuels*, 15(5), 1227-1232, 2001.
[14] Dahl J., Buechler K., Weimer A., Lewandowski A., Bingham C., Solar-thermal dissociation of methane in a fluid-wall aerosol flow reactor, *Int. J. Hydrogen Energy*, 29, 725-736, 2004.

[15] Dahl J., Barocas V.H., Clough D.E., Weimer A.W., Intrinsic kinetics for rapid decomposition of methane in an aerosol flow reactor, *Int. J. Hydrogen Energy*, 27, 377-386, 2002.

[16] Hirsch D., Steinfeld A., Solar Hydrogen Production by Thermal Decomposition of Natural Gas Using a Vortex-Flow Reactor, *Int. J. Hydrogen Energy*, 29, 47-55, 2004.

[17] Trommer D., Hirsch D., Steinfeld A., Kinetic investigation of the thermal decomposition of CH_4 by direct irradiation of a vortex-flow laden with carbon particles, *Int. J. Hydrogen Energy*, 29, 627-633, 2004.

[18] Kogan A., Kogan M., The tornado flow configuration - An effective method for screening of a solar reactor window, *J. Solar Energy Engineering*, 124, 206-214, 2002.

[19] Kogan M., Kogan A., Production of hydrogen and carbon black by solar thermal methane splitting. I The unseeded reactor, *Int. J. Hydrogen Energy*, 28, 1187-1198, 2003.

[20] Gaudernack B., Lynum S., Hydrogen from natural gas without release of CO_2 to the atmosphere, *Int. J. Hydrogen Energy*, 23 (12), 1087-1093, 1998.

[21] Fulcheri L., Probst N., Flamant G., Fabry F., Grivei E., Bourrat X., Plasma processing: a step towards the production of new grades of carbon black, *Carbon*, 40, 169-176, 2002.

[22] Abanades S., Flamant G., Production of hydrogen by thermal methane splitting in a nozzle-type laboratory-scale solar reactor, *International Journal of Hydrogen Energy*, 30(8), 843-853, 2005.

[23] Abanades S., Flamant G., Hydrogen production from solar thermal dissociation of methane in a high-temperature fluid-wall chemical reactor, *Chemical Engineering and Processing: Process Intensification*, 47(3), 490-498, 2008.

[24] Abanades S., Flamant G., Solar hydrogen production from the thermal splitting of methane in a high-temperature solar chemical reactor, *Solar Energy*, 80(10), 1321-1332, 2006.

[25] Abanades S., Flamant G., Experimental study and modeling of a high temperature solar chemical reactor for hydrogen production from methane cracking, *Int. J. Hydrogen Energy*, 32(10-11), 1508-1515, 2007.

[26] Abanades S., Flamant G., High temperature solar chemical reactors for hydrogen production from natural gas cracking, *Chemical Engineering Communications*, 195(9), 1159-1175, 2008.

[27] Abanades S., Tescari S., Rodat S., Flamant G., Natural gas pyrolysis in double-walled reactor tubes using thermal plasma or concentrated solar radiation as external heating source, *Journal of Natural Gas Chemistry*, 18(1), 1-8, 2009.

[28] Rodat S., Abanades S., Flamant G., Co-production of hydrogen and carbon black from solar thermal methane splitting in a tubular reactor prototype, *Solar Energy*, 85(4), 645-652, 2011.

[29] Rodat S., Abanades S., Coulie J., Flamant G., Kinetic modelling of methane decomposition in a tubular solar reactor, *Chemical Engineering Journal*, 146(1), 120-127, 2009.

[30] Rodat S., Abanades S., Flamant G., High temperature solar methane dissociation in a multi-tubular cavity-type reactor in the temperature range 1823-2073 K, *Energy & Fuels*, 23(5), 2666-2674, 2009.

[31] Rodat S., Abanades S., Flamant G., Experimental evaluation of indirect heating tubular reactors for solar methane pyrolysis, *International Journal of Chemical Reactor Engineering* (IJCRE), Vol.8, A25, 2010.

[32] Caliot C., Abanades S., Soufiani A., Flamant G., Effects of non-gray thermal radiation on the heating of a methane laminar flow at high temperature, *Fuel*, 88(4), 617-624, 2009.

[33] Rodat S., Abanades S., Sans J.L., Flamant G., Hydrogen production from solar thermal dissociation of natural gas: development of a 10 kW solar chemical reactor prototype, *Solar Energy*, 83(9), 1599-1610, 2009.

[34] Rodat S., Abanades S., Sans J.L., Flamant G., A pilot-scale solar reactor for the production of hydrogen and carbon black from methane splitting, *Int. J. Hydrogen Energy*, 35(15), 7748-7758, 2010.

[35] Rodat S., Abanades S., Grivei E., Patrianakos G., Zygogianni A., Konstandopoulos A.G., Flamant G., Characterisation of carbon blacks produced by solar thermal dissociation of methane, *Carbon*, 49(9), 3084-3091, 2011.

[36] Rodat S., Abanades S., Flamant G., Methane decarbonization in indirect heating solar reactors of 20 and 50 kW for a CO_2-free production of hydrogen and carbon black, *ASME Journal of Solar Energy Engineering*, 133(3), 031001, 2011.

[37] Abanades S., Kimura H., Otsuka H., Hydrogen production from CO_2-free thermal decomposition of methane: design and on-sun testing of a tube-type solar thermochemical reactor, *Fuel Processing Technology*, 122, 153-162, 2014.

[38] Abanades S., Kimura H., Otsuka H., Hydrogen production from thermo-catalytic decomposition of methane using carbon black catalysts in an indirectly-irradiated tubular packed-bed solar reactor, *International Journal of Hydrogen Energy*, 39, 18770-18783, 2014. DOI: 10.1016/j.ijhydene.2014.09.058

[39] Funk J.E., Thermochemical hydrogen production: past and present, *Int. J. Hydrogen Energy*, 16, 185-190, 2001.

[40] Beghi G.E., A decade of research on thermochemical hydrogen at the Joint Research Centre, Ispra, *Int. J. Hydrogen Energy*, 11(12), 761-771, 1986.

[41] Yalcin S., A review of nuclear hydrogen production, *Int. J. Hydrogen Energy*, 14(8), 551-561,1989.
[42] Bamberger C.E., Richardson D.M., Hydrogen production from water by thermochemical cycles, *Cryogenics*, 197-208, 1976.
[43] Brown L.C., Besenbruch G.E., Lentsch R.D., Schultz K.R., Funk J.F., Pickard P.S., Marshall A.C., Showalter S.K., High Efficiency Generation of Hydrogen Fuels Using Nuclear Power, GA-A24285, prepared under the Nuclear Energy Research Initiative Program for the U.S. Department of Energy, Dec. 2003.
[44] Sakurai M., Bilgen E., Tsutsumi A., Yoshida K., (1996), Solar UT-3 thermochemical cycle for hydrogen production, *Solar Energy*, 57(1), 51-58.
[45] Bilgen C., Broggi A., Bilgen E., (1986), The solar Cristina process for hydrogen production, *Solar Energy*, 36(3), 267-280.
[46] Steinfeld A., Solar hydrogen production via a two-step water-splitting thermochemical cycle based on Zn/ZnO redox reactions, *Int. J. Hydrogen Energy*, 27(6), 611-619, 2002.
[47] Wegner K., Ly H.C., Weiss R.J., Pratsinis S.E., Steinfeld A., In situ formation and hydrolysis of Zn nanoparticles for H_2 production by the 2-step ZnO/Zn water-splitting thermochemical cycle. *Int. J. Hydrogen Energy,* 31(1), 55-61, 2006.
[48] Steinfeld A., Sanders S., Palumbo R., Design aspects of solar thermochemical engineering-a case study: two-step water-splitting cycle using the Fe_3O_4/FeO redox system, *Solar Energy*, 65(1), 43-53, 1999.
[49] Sturzenegger M., Ganz J., Nuesch P., Schelling Th., Solar hydrogen from a manganese oxide based thermochemical cycle, *J. Phys. IV France*, 9, 331-335, 1999.
[50] Sibieude F., Ducarroir M., Tofighi A., Ambriz J.J., High temperature experiments with a solar furnace. Decomposition of Fe_3O_4, Mn_3O_4, CdO. *Int. J. Hydrogen Energy*, 7(1), 79-88, 1982.
[51] Ambriz J.J., Sibieude F., Ducarroir M., Preparation of cadmium by thermal dissociation of CdO using solar energy, *Int. J. Hydrogen Energy*, 7(2), 143-153, 1982.
[52] Abanades S., Charvin P., Flamant G., Neveu P., Screening of water-splitting thermochemical cycles potentially attractive for hydrogen production by concentrated solar energy, *Energy*, 31(14), 2805-2822, 2006.
[53] Agrafiotis C., Roeb M., Konstandopoulos A.G., Nalbandian L., Zaspalis V.T., Sattler C., Stobbe P., Steele A.M., Solar water splitting for hydrogen production with monolithic reactors, *Solar Energy,* 79(4), 4.9-421, 2005.
[54] Perret R., Chen Y., Besenbruch G., Diver R., Weimer A., Lewandowski A., Miller E. DOE hydrogen Program, Solar hydrogen generation FY 2005 Progress Report. Contract Nr DE-FG36-03GO13062.

[55] Tamaura Y., Ueda Y., Matsunami J., Hasegawa N., Nezuka M., Sano T., Tsuji M., Solar hydrogen production by using ferrites, *Solar Energy*, 65(1), 55-57, 1999.

[56] Kaneko H., Kodama T., Gokon N., Tamaura Y., Lovegrove K., Luzzi A., Decomposition of Zn-ferrite for O_2 generation by concentrated solar radiation, *Solar Energy*, 76, 317-322, 2004.

[57] Kodama T., Kondoh Y., Yamamoto R., Andou H., Satou N., Thermochemical hydrogen production by a redox system of ZrO_2-supported Co(II)-ferrite, *Solar Energy*, 78(5), 623-631, 2005.

[58] Miller J.E., Allendorf M.D., Diver R.B., Evans L.R., Siegel N.P., Stuecker J.N., Metal oxide composites and structures for ultra-high temperature solar thermochemical cycles, *J. Mater. Sci.*, 43, 4714-4728, 2008.

[59] Petkovich N.D., Rudisill S.G., Venstrom L.J., Boman D.B., Davidson J.H., Stein A., Control of heterogeneity in nanostructured $Ce_{1-x}Zr_xO_2$ binary oxides for enhanced thermal stability and water splitting activity, *J. Phys. Chem. C*, 115, 21022-21033, 2011.

[60] Chueh W.C., Falter C., Abbott M., Scipio D., Furler P., Haile S.M., Steinfeld A., High-flux solar-driven thermochemical dissociation of CO_2 and H_2O using nonstoichiometric ceria, *Science*, 330, 1797-1801, 2010.

[61] Abanades S., Flamant G., Thermochemical hydrogen production from a two-step solar-driven water-splitting cycle based on cerium oxides, *Solar Energy*, 80(12), 1611-1623, 2006.

[62] Abanades S., Charvin P., Lemont F., Flamant G., Novel two-step SnO_2/SnO water-splitting cycle for solar thermochemical production of hydrogen, *International Journal of Hydrogen Energy*, 33(21), 6021-6030, 2008.

[63] Charvin P., Abanades S., Lemont F., Flamant G., Experimental study of $SnO_2/SnO/Sn$ thermochemical systems for solar production of hydrogen, *AIChE Journal*, 54(10), 2759-2767, 2008.

[64] Charvin P., Abanades S., Lemort F., Flamant G., Analysis of solar processes for hydrogen production from water-splitting thermochemical cycles, *Energy Conversion and Management*, 49(6), 1547-1556, 2008.

[65] Jenkins R., Snyder, R., 1996, Introduction to X-ray Powder Diffractometry, New York, John Wiley and Sons, Inc.

[66] Iwanaga H., Fujii M., Ichihara M., Takeuchi S., Some evidence for the octa-twin model of tetrapod ZnO, *J. Crystal Growth*, 141(1), 234-238, 1994.

[67] Weidenkaff A., Steinfeld A., Wokaun A., Auer P.O., Eichler B., Reller A., Direct solar thermal dissociation of zinc oxide: condensation and crystallization of zinc in the presence of oxygen, *Solar Energy*, 65(1), 59-69, 1999.

[68] Dai Z.R., Gole J.L., Stout J.D., Wang Z.L., Tin oxide Nanowires, nanoribbons, and nanotubes, *J. Phys. Chem. B*, 106(6), 1274-1279, 2002.

[69] Palumbo R., Lédé J., Boutin O., Elorza-Ricart E., Steinfeld A., Möller S., Weidenkaff A., Fletcher E.A., Bielicki E., The production of Zn from ZnO in a high-temperature solar decomposition quench process – I. The scientific framework for the process, *Chemical Engineering Science*, 53(14), 2503-2517, 1998.

[70] Schunk, L., Steinfeld, A., Kinetics of the thermal dissociation of ZnO exposed to concentrated solar irradiation using a solar-driven thermogravimeter in the 1800-2100 K range, *AIChE J.*, 55, 1497-1504, 2009.

[71] Chambon M., Abanades S., Flamant G., Solar Thermal Reduction of ZnO and SnO_2: Characterization of the Recombination Reaction with O_2, *Chemical Engineering Science*, 65(11), 3671-3680, 2010.

[72] Chambon M., Abanades S., Flamant G., Design of a lab-scale rotary cavity-type solar reactor for continuous thermal reduction of volatile oxides under reduced pressure, *ASME Journal of Solar Energy Engineering*, 132(2), 021006, 2010.

[73] Abanades S., Charvin P., Flamant G., Design and simulation of a solar chemical reactor for the thermal reduction of metal oxides: case study of zinc oxide dissociation, *Chemical Engineering Science*, 62(22), 6323-6333, 2007.

[74] Chambon M., Abanades S., Flamant G., Thermal dissociation of compressed ZnO and SnO_2 powders in a moving front solar thermochemical reactor, *AIChE Journal*, 57(8), 2264-2273, 2011.

[75] Levêque G., Abanades S., Kinetic analysis of high-temperature solid-gas reactions by an inverse method applied to ZnO and SnO_2 solar thermal dissociation, *Chemical Engineering Journal*, 217, 139-149, 2013.

[76] Levêque G., Abanades S., Design and operation of a solar-driven thermogravimeter for high temperature kinetic analysis of solid-gas thermochemical reactions in controlled atmosphere, *Solar Energy*, 105, 225-235, 2014.

[77] Villafán-Vidales H.I., Abanades S., Arancibia-Bulnes C.A., Riveros-Rosas D., Romero-Paredes H., Espinosa-Paredes G., Estrada C.A., Radiative heat transfer analysis of a directly irradiated cavity-type solar thermochemical reactor by Monte-Carlo ray tracing, *Journal of Renewable and Sustainable Energy*, 4(4), 043125, 2012.

[78] Villafán-Vidales H.I., Arancibia-Bulnes C.A., Abanades S., Riveros-Rosas D., Romero-Paredes H., Monte Carlo heat transfer modeling of a particle-cloud solar reactor for SnO_2 thermal reduction, *ASME Journal of Solar Energy Engineering*, 133(4), 041009, 2011.

[79] Villafán- Vidales H.I., Abanades S., Montiel-González M., Romero-Paredes H., Arancibia-Bulnes C.A., Estrada C.A., Transient heat transfer simulation of a 1 kW_{th} moving front solar thermochemical reactor for thermal dissociation of compressed ZnO, *Chemical Engineering Research and Design*, 2014. DOI: 10.1016/j.cherd.2014.05.027

[80] Levêque G., Abanades S., Jumas J-C., Olivier-Fourcade J., Characterization of two-step tin-based redox system for thermochemical fuel production from solar-driven CO_2 and H_2O splitting cycle, *Industrial & Engineering Chemistry Research*, 53 (14), 5668–5677, 2014.

[81] Chambon M., Abanades S., Flamant G., Kinetic investigation of hydrogen generation from hydrolysis of SnO and Zn solar nanopowders, *International Journal of Hydrogen Energy*, 34(13), 5326-5336, 2009.

[82] Charvin P., Abanades S., Flamant G., Lemort F., Two-step water-splitting thermochemical cycle based on iron oxide redox pair for solar hydrogen production, *Energy*, 32(7), 1124-1133, 2007.

[83] Charvin P., Abanades S., Lemort F., Flamant G., Hydrogen production by three-step solar thermochemical cycles using hydroxides and metal oxide systems, *Energy and Fuels*, 21(5), 2919-2928, 2007.

[84] Charvin P., Abanades S., Bêche E., Lemont F., Flamant G., Hydrogen production from mixed cerium oxides via three-step water-splitting cycles, *Solid State Ionics*, 180 (14-16), 1003-1010, 2009.

[85] Bêche E., Charvin P., Perarnau D., Abanades S., Flamant G., Ce 3d XPS investigation of cerium oxides and mixed cerium oxide ($Ce_xTi_yO_z$), *Surface and Interface Analysis*, 40(3-4), 264-267, 2008.

[86] Charvin P., Abanades S., Neveu P., Lemort F., Flamant G., Dynamic modeling of a volumetric solar reactor for volatile metal oxide reduction, *Chemical Engineering Research and Design*, 86(11), 1216-1222, 2008.

[87] Abanades S., Legal A., Cordier A., Peraudeau G., Flamant G., Julbe A., Investigation of reactive cerium-based oxides for H_2 production by thermochemical 2-step water-splitting, *Journal of Materials Science*, 45(15), 4163-4173, 2010.

[88] Le Gal A., Abanades S., Catalytic investigation of ceria-zirconia solid solutions for solar hydrogen production, *International Journal of Hydrogen Energy*, 36(8), 4739-4748, 2011.

[89] Le Gal A., Abanades S., Flamant G., CO_2 and H_2O splitting for thermochemical production of solar fuels using non-stoichiometric ceria and ceria/zirconia solid solutions, *Energy & Fuels*, 25(10), 4836-4845, 2011.

[90] Le Gal A., Abanades S., Dopant incorporation in ceria for enhanced water-splitting activity during solar thermochemical hydrogen generation, *The Journal of Physical Chemistry C*, 116(25), 13516-13523, 2012.

[91] Le Gal A., Abanades S., Bion N., Le Mercier T., Harle V., Reactivity of doped ceria-based mixed oxides for solar thermochemical hydrogen generation via two-step water-splitting cycles, *Energy & Fuels*, 27(10), 6068–6078, 2013.

[92] Herzog H., Golomb D., Carbon capture and storage from fossil fuel use, *Encyclopedia of Energy*, Elsevier, 1, 277-287, 2004.

[93] Centi G., Perathoner S., Opportunities and prospects in the chemical recycling of carbon dioxide to fuels, *Catalysis Today*, 148, 191-205, 2009.

[94] Abanades S., CO_2 and H_2O reduction by solar thermochemical looping using SnO_2/SnO redox reactions: thermogravimetric analysis, *International Journal of Hydrogen Energy*, 37(10), 8223-8231, 2012.

[95] Abanades S., Thermogravimetry analysis of CO_2 and H_2O reduction from solar nanosized Zn powder for thermochemical fuel production, *Industrial & Engineering Chemistry Research*, 51(2), 741-750, 2012.

[96] Gotor, F.J.; Criado, J.M.; Malek, J.; Koga, N. Kinetic analysis of solid-state reactions: the universality of master plots for analyzing isothermal and nonisothermal experiments. *J. Phys. Chem. A*, 104, 10777-10782, 2000.

[97] Abanades S., Chambon M., CO_2 dissociation and upgrading from 2-step solar thermochemical processes based on ZnO/Zn and SnO_2/SnO redox pairs, *Energy & Fuels*, 24(12), 6667-6674, 2010.

[98] Abanades S., Villafán-Vidales H.I., CO_2 valorization based on Fe_3O_4/FeO thermochemical redox reactions using concentrated solar energy, *International Journal of Energy Research*, 37(6), 598-608, 2013.

[99] Abanades S., Villafán-Vidales H.I., CO_2 and H_2O conversion to solar fuels via two-step solar thermochemical looping using iron oxide redox pair, *Chemical Engineering Journal*, 175, 368-375, 2011.

[100] Abanades S., Le Gal A., CO_2 splitting by thermo-chemical looping based on $Zr_xCe_{1-x}O_2$ oxygen carriers for synthetic fuel generation, *Fuel*, 2012, 102, 180-186.

[101] Villafán-Vidales H.I., Abanades S., Caliot C., Romero-Paredes H., Heat transfer simulation in a thermochemical solar reactor based on a volumetric porous receiver, *Applied Thermal Engineering*, 31(16), 3377-3386, 2011.

[102] Demont A., Abanades S., Beche E., Investigation of perovskite structures as oxygen-exchange redox materials for hydrogen production from thermochemical two-step water-splitting cycles, *The Journal of Physical Chemistry C*, 118(24), 12682–12692, 2014. DOI: 10.1021/jp50348492014

[103] Demont A., Abanades S., High redox activity of Sr-substituted lanthanum manganite perovskites for two-step thermochemical dissociation of CO_2, *RSC Advances*, 4 (97), 54885-54891, 2014. DOI: 10.1039/C4RA10578H

Oui, je veux morebooks!

I want morebooks!

Buy your books fast and straightforward online - at one of the world's fastest growing online book stores! Environmentally sound due to Print-on-Demand technologies.

Buy your books online at
www.get-morebooks.com

Achetez vos livres en ligne, vite et bien, sur l'une des librairies en ligne les plus performantes au monde!
En protégeant nos ressources et notre environnement grâce à l'impression à la demande.

La librairie en ligne pour acheter plus vite
www.morebooks.fr

OmniScriptum Marketing DEU GmbH
Heinrich-Böcking-Str. 6-8
D - 66121 Saarbrücken

Telefax: +49 681 93 81 567-9

info@omniscriptum.com
www.omniscriptum.com

Printed by Books on Demand GmbH, Norderstedt / Germany